远方旅游
JOURNEY TO HEART

中等职业教育**中餐烹饪**专业系列教材

餐厨管理

第2版

主　编　向跃进　张　春

副主编　陈　勇　秦彩凤　董　立

参　编　刘秀婷　郭小曦

重庆大学出版社

内容简介

本书共分为8个项目，22个任务，内容涉及餐饮服务与管理概论、餐厅服务与管理、宴会管理、菜单管理、餐饮原料管理、厨房管理、餐厨管理专业英语、餐饮部业务表单。

本书是中等职业教育中餐烹饪专业的核心理论课程教材，适合作为中餐烹饪专业教师教学用书和学生学习的参考用书，也可以作为中餐酒店管理专业教师教学用书和学生学习的参考用书。

图书在版编目（CIP）数据

餐厨管理 / 向跃进，张春主编. -- 2 版. -- 重庆：
重庆大学出版社，2021.7（2025.8 重印）
中等职业教育中餐烹饪专业系列教材
ISBN 978-7-5624-8140-9

Ⅰ.①餐… Ⅱ.①向… ②张… Ⅲ.①厨房—管理—
中等专业学校—教材 Ⅳ.① TS972.3

中国版本图书馆 CIP 数据核字 (2021) 第054574号

中等职业教育中餐烹饪专业系列教材
餐厨管理
（第 2 版）
主　编　向跃进　张　春
副主编　陈　勇　秦彩凤　董　立
责任编辑：文　鹏　袁铭苒　　版式设计：史　骥
责任校对：谢　芳　　　　　责任印制：张　策

*

重庆大学出版社出版发行
社址：重庆市沙坪坝区大学城西路21号
邮编：401331
电话：(023) 88617190　88617185 (中小学)
传真：(023) 88617186　88617166
网址：http://www.cqup.com.cn
邮箱：fxk@cqup.com.cn (营销中心)
全国新华书店经销
重庆长虹印务有限公司印刷

*

开本：787mm×1092mm　1/16　印张：10　字数：234 千
2014 年 9 月第 1 版　2021 年 7 月第 2 版　2025 年 8 月第 3 次印刷（总第 6 次印刷）
印数：13 001—14 000
ISBN 978-7-5624-8140-9　定价：49.00元

第 2 版前言

餐厨管理是中等职业教育中餐烹饪专业的核心理论课程。本书内容严格按照中等职业教育的培养目标、教学大纲、课程设置等要求进行编写。编者根据中职学生认知特点以及餐饮企业发展的岗位需求，科学、合理地设计学生应具备的能力结构与知识结构，理论上以实用、够用为度，教材内容在难度和深度上做了大量的调整，任务明确、内容清晰、形式新颖、利于教学，形成自身的理论架构、体系和特色。教学内容紧密联系烹饪食品和餐饮服务行业的生产、加工、营销及服务过程中的岗位实际，结合餐饮行业职业资格等级考试要求，合理设计各项目知识点和任务内容，突出实用技能的培养和应用。

本书在编排上，以"任务为引领""项目为主线"，尽可能多地充实新知识、新方法、新设备、新工艺和新技术，介绍了利用移动互联网点餐、订餐，尤其是利用智能手机微信营销等餐饮业发展的新趋势，力求具有鲜明的时代特征。

本书共分为 8 个项目，22 个任务。编写格式上尽可能用图、表将各个知识点直观生动地展示出来，力求让学生易学易懂、应知应会，为学生职业生涯的可持续发展提供衔接平台。

本书由重庆现代职业技师学院向跃进、张春担任主编，陈勇、秦彩凤、董立担任副主编，刘秀婷、郭小曦担任参编。

自本书第 1 版于 2014 年 4 月出版后，立即得到了各大职业院校的采用，受到广大师生的热烈欢迎，在此表示特别感谢。经过几年的一线教学使用后，第一版的错漏与不足显露出来，许多老师向编者指出了书中一些知识点不够全面或者重复的问题，并提供了一些修正意见。基于上述原因，编者决定对第 1 版内容进行修订。

本书第 2 版是第 1 版的调整和升级，由原来的 10 个项目缩减为 8 个项目。将原项目 7 餐饮部主要岗位的岗位职责删除；将原项目 10 星级标准对餐饮的要求删除；对原项目 2 餐厅服务与管理的任务顺序进行了调整；将项目 5 中的任务 3 从原来的原料库存方法更改为按原料类别来进行保存，内容更加丰富细化；将原项目 6 中的任务 3 食品卫生安全与管理部分更改为厨房卫生管理，范围更大；对其他部分一些语句的表达进行了更改，内容进行了少许更新，让知识点显得更加精准。

第 2 版的错漏与不足之处，依然恳请广大师生指正。

编　者

2021 年 1 月

第 1 版前言

在人类生存发展的历史进程中，首要的物质基础就是饮食。《礼记》曰：
"夫礼之初，始诸饮食"，人类的饮食由初始的"茹毛饮血"，不断进化分化，加
上地理环境、气候、物产等多种因素对人类种族、生活习性的影响和制约形成
了今天多元的世界饮食文化。

中华大地，物产丰富，人杰地灵，随着历史的变迁，社会的进步，文明的
发展，中国餐饮在与其他文化要素的相互作用下，产生了具有民族、地域特色
和极富各地民俗食风的中国饮食文化，中国作为世界东方饮食文化的中心而饮
誉海内外。

为了顺应各民族人民过上好生活的新期待，着力营造厉行节约、反对浪费
的良好社会文明的新风尚，着力提升人民群众健康营养水平，促进饮食业科学、
持续发展，全面建成小康社会，中等职业技术教育提供着重要的支撑作用。在
全国餐饮行业教学指导委员会的支持和指导下，重庆大学出版社组织了全国
职业院校烹饪教育部分研究人员、学者、一线教师、行业专家对现有中职烹
饪专业系列教材进行了梳理，摒弃陈旧落后内容，改革不适应经济社会发展
和现代教育需求的教学课程模式，更好地适应全国中职院校中餐烹饪与营养
膳食专业新的教学要求，全面推进素质教育，提高教育教学质量，解决当前我
国餐饮行业技能型专业人才紧缺现状，对中等职业院校烹饪专业教材进行了修
订编写。

餐厨管理是中职烹饪与营养膳食专业的核心理论课程，内容严格按照中等
职业教育的培养目标、教学大纲、课程设置等要求进行编写。编者根据中职
学生认知特点以及餐饮企业发展的岗位需求，科学、合理地设计学生应具备
的能力结构与知识结构，理论上以实用、够用为度，教材内容在难度和深度
上做了大量的调整，任务明确、内容清晰、形式新颖、利于教学，形成自身
的理论架构、体系和特色。教学内容紧密联系烹饪食品和餐饮服务行业的生
产、加工、营销及服务过程中的岗位实际，结合餐饮行业职业资格等级考试
要求，合理设计各项目知识点和任务内容，突出实用技能的培养和应用。

本书在编排上，以"任务为引领""项目为主线"，尽可能多地在教材中充实新知识、新方法、新设备、新工艺和新技术，介绍了利用移动互联网点餐、订餐，尤其是利用智能手机微信营销等餐饮业发展的新趋势，力求使教材具有鲜明的时代特征。

本书共分为10个项目，23个任务。编写格式上尽可能用图、表将各个知识点直观生动地展示出来，力求让学生易学易懂、应知应会，为学生职业生涯的可持续发展提供衔接平台。

本书由重庆现代职业技师学院高级讲师向跃进任主编，蔡顺林、陈勇任副主编，参加编写的有廖明江、刘华伦、郭晓曦、李晓菊、秦彩凤、刘秀婷、张春、邱澄。

本书的完成参考和查阅了许多前辈、同仁的文献资料，得到了中国烹饪大师、国际餐饮评委张正雄专家的指点和帮助，对他们的鼎力支持，在此衷心地表示感谢。

由于中职课程改革是一项复杂的系统工程，因作者水平有限，书中难免有许多不足之处，恳请诸位餐厨管理行家和广大读者批评指正，便于我们今后再版时，进一步完善和提高。

编　者

2014年4月

Contents

目 录

项目 **1**

餐饮服务与管理概论

餐饮服务是指通过即时制作加工、商业销售和服务性劳动等，向消费者提供食品和消费场所及设施的服务活动。

任务1.1 餐饮概述

1.1.1 餐饮服务与管理的目标

餐饮从业人员必须明确餐饮服务与管理的目标与要求，这是做好餐饮服务与管理的基础。餐饮服务与管理的目标主要包括以下 4 个方面的内容：

1）营造舒适的进餐环境

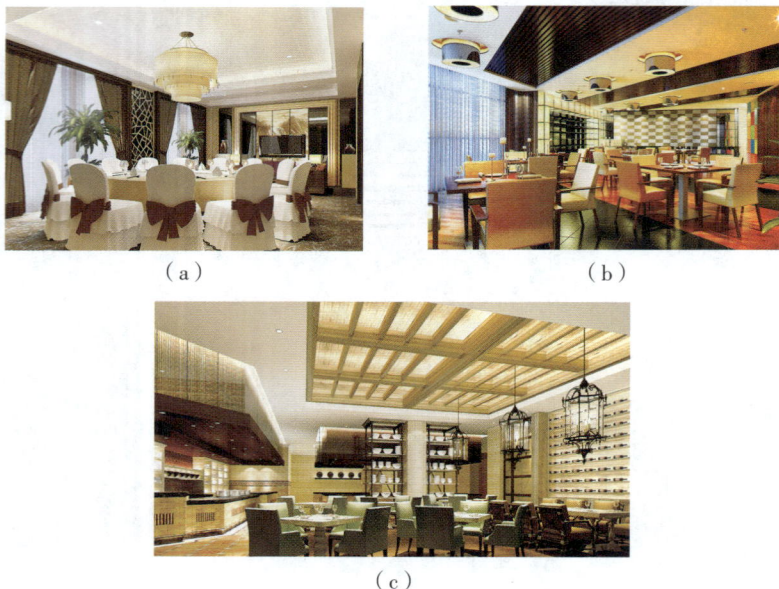

（a）

（b）

（c）

图 1.1　餐厅

餐饮服务设施，不仅要满足宾客的生理需求，还要满足宾客的精神需求，如自豪感、享受感等。心理学研究表明，人们判断一件事物的好坏，大多数是通过感觉器官进行的。所以餐饮管理者首先应营造一个舒适、怡人的进餐环境，以便给客人留下良好的第一印象。例如，餐饮服务设施的装饰、布局要与饭店等级协调一致；灯光、色彩应柔和、协调；家具、餐具必须配套并与整体环境相映成趣；环境卫生必须符合卫生标准要求；服务人员的仪表、仪态应符合饭店要求；餐饮服务设施的温度、湿度应合适等。

2）供应适口的菜点和酒水

（a）

（b）

（c）

（d）

图 1.2　菜点和酒水

宾客的口味需求各异，且其对菜点酒水的质量评判以适口者为准。为此，餐饮管理者应了解市场需求及宾客的消费趋向，供应的菜点酒水品种应符合目标市场的需求；食品原料的采购必须符合饭店的规格标准；厨房制作必须照顾宾客的不同口味要求；原料采供、厨房生产、餐厅服务等环节密切配合，一旦出现问题，应及时解决。

3）提供优质的对客服务

（a）　　　　　（b）

（c）

图1.3　对客服务

适口的菜点和酒水，只有配以优质的对客服务，才能真正满足宾客的餐饮需要。优质的对客服务包括良好的服务态度、丰富的服务知识、娴熟的服务技能和适时的服务效率等。

4）取得满意的三重效益

餐饮服务与管理的最终目标是获取效益，效益是衡量经营成败的依据。餐饮服务与管理的三重效益是指社会效益、经济效益和环境效益。

1.1.2　餐饮产品的特点

1）餐饮生产的特点

（1）产品规格多，每次生产批量小

（a）　　　　　（b）

图1.4　餐饮产品

3

只有客人进入餐厅点菜后，餐饮企业才能组织菜肴的生产与销售，这与其他工业产品大批量、统一规格的生产是明显不同的，给餐饮产品的统一标准与质量管理带来了许多问题。

（2）生产过程时间短

餐饮产品的生产、销售与客人的消费几乎同时进行。客人从点菜到消费的时间相当短，因此对技艺要求较高，对服务员的直接推销和对客服务也是一大挑战。

（3）生产量难以预测

就餐客人何时来、来多少、消费什么餐饮产品等一直是困扰餐饮管理者的问题。因此，对客人的消费需求很难准确预估，生产的随机性强，产量难以预测。

（4）原料及产品容易变质

（a）　　　　　　　　　　　（b）

图 1.5　餐饮原料

相当一部分餐饮产品是用鲜活的餐饮原料制作的，具有很强的时间性和季节性，如果处理不当极易腐烂变质。因此，必须加强原料管理，才能保证产品质量，控制餐饮成本。

（5）产品生产过程环节多、管理难度大

（a）　　　　　　　　　　　（b）

图 1.6　原料采购与加工

餐饮产品的生产从原料的采购、验收、储存、加工、烹制、餐厅服务到收款，整个生产过程的业务环节较多，任一环节的差错都会影响餐饮产品的质量及企业的效益。因此，餐饮产品生产过程的管理难度较大。

2）餐饮销售特点

（1）餐饮销售量受餐位数量的限制

餐饮企业接待的客人数量受营业面积大小、餐位数多少的限制。因此，餐饮企业必须改善就餐环境，提高餐位利用率，增加就餐客人的人均消费额。

（a）   （b）

图 1.7 就餐环境

（2）餐饮销售量受进餐时间的限制

人们的就餐时间有一定的规律。就餐时间一到，餐厅高朋满座，而就餐时间一过，餐厅则门可罗雀。餐饮的销售具有明显的间歇性。因此，餐饮企业应通过增加服务项目、延长营业时间等方法来努力提高销售量。

（3）餐饮固定成本及变动费用较高

餐饮企业的各种餐厨设备、用品的投资较大，且人力资源费用、能源费用、原料成本等的支出也较高。因此，餐饮企业应想方设法努力控制固定成本与变动费用，以提高企业的经济效益。

（4）餐饮经营的资金周转较快

餐饮企业的经营毛利率较高，且相当一部分餐饮销售收入以收取现金为主，而大部分餐饮原料中为当天采购、当天销售，因此，餐饮企业的资金周转较快。

3）餐饮服务的特点

餐饮企业在经营上的特殊性，决定了餐饮服务有以下4个特点：

（1）无形性

尽管餐饮产品是具有实物形态的产品，它仍具有服务的无形性特点，即看不见、摸不着，且不可量化。餐饮服务的无形性是指就餐客人只有在购买并享用餐饮产品后，才能凭借其生理与心理满足程度来评估其优劣。

（2）一次性

餐饮服务的一次性是指餐饮服务只能当次享用，过时则不能再使用。这就要求餐饮企业应接待好每一位客人，提高每一位就餐客人的满意程度，才能使他们再次光临。

（3）直接性

餐饮服务的直接性是指餐饮产品的生产、销售、消费几乎是同步进行的，即企业的生产过程就是客人的消费过程。这就要求餐饮企业既要注重服务过程，还要重视就餐环境。

（4）差异性

餐饮服务的差异性主要表现为两个方面：一方面，不同的餐饮服务员由于年龄、性别、性格、受教育程度及工作经历的差异，为客人提供的服务不尽相同；另一方面，同一服务员在不同的场合、不同的时间，其服务态度、服务效果等也会有一定的差异。这就要求餐饮企业应制订服务标准，加强对服务过程的控制。

任务1.2 餐饮企业组织机构与职能

为保证餐饮业务活动的顺利开展并达到预期的管理目标，就必须建立科学的组织机构，明确餐饮管理的职能。

1.2.1 餐饮企业的组织机构

餐饮企业的组织机构因规模、等级、服务内容、服务方式、管理模式等方面的不同而不同。

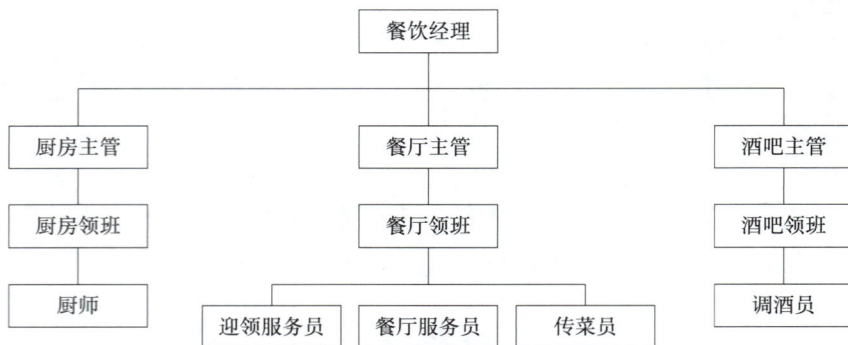

图 1.8 餐饮部组织机构图

在一般情况下，餐饮原料的采购、验收、保管等业务由专职的采供部负责，而各营业点的收款工作则由专职的财务部负责。

1.2.2 餐饮企业的主要职能

1）掌握市场需求,合理制订菜单

（a）　　　　　　　　　（b）

图 1.9　菜单样板

　　要满足客人对餐饮的需求,必须首先了解餐饮企业目标市场的消费特点与餐饮要求,掌握不同年龄、不同性别、不同职业、不同民族和宗教信仰的客人的饮食习惯和需求,并在此基础上制订出能够迎合客人需求的菜单,作为确定餐饮企业经营特色的依据和指南。

　　2)广泛组织客源,扩大产品销售

　　客源是餐饮企业生存和发展的基础与前提,只有广泛组织客源,才能扩大餐饮产品的销售。因此,餐饮企业必须采取各种方法吸引客人前来就餐,从而提高餐饮企业的知名度、美誉度和经济效益。

　　3)加强原料管理,保证生产需要

　　餐饮原料的质量直接影响餐饮产品的质量,而其价格又直接关系到餐饮企业的经济效益。因此,加强对餐饮原料的采购、验收、储存管理,既可以保证厨房的生产需要,又可以降低餐饮成本。

　　4)搞好厨房管理,提高菜点质量

（a）

（b）

（c）

（d）

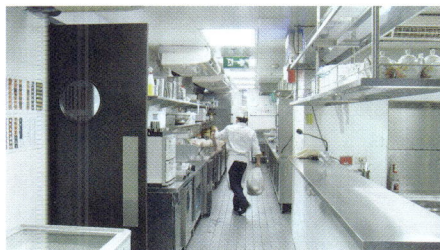

（e）

图 1.10　厨房管理

厨房是餐饮产品的生产场所，其管理水平的高低直接影响餐饮产品的质量和客人满意程度。因此，餐饮企业应搞好厨房管理，根据客人需要，合理加工餐饮原材料，组织厨师及时烹制出适销对路、色、香、味、形俱佳的餐饮产品，加强对生产过程的控制，努力提高餐饮产品的质量。

5）抓好餐厅管理，满足宾客需要

（a）　　　　　　　　　　　　　（b）

图 1.11　餐厅管理

餐厅是餐饮企业的销售场所，也是为客人提供面对面服务的领域，它使餐饮产品的价值最终得以实现。因此，抓好餐厅管理，既可满足客人的物质需要和精神需要，提高客人的满意程度，又可体现餐饮企业的管理水平与服务质量。

6）加强宴会管理，增加经济收入

（a）　　　　　　　　　　　　　（b）

图 1.12　宴会大厅

宴会是餐饮企业产品销售的重要形式和经济收入的重要来源，其特点是：产品一次性销售量较大，质量要求较高，经济效益较好。因此，加强宴会管理，包括对中西餐宴会、冷餐会、酒会等的管理，是餐饮管理的重要任务之一。

7）加强成本控制，提高经济效益

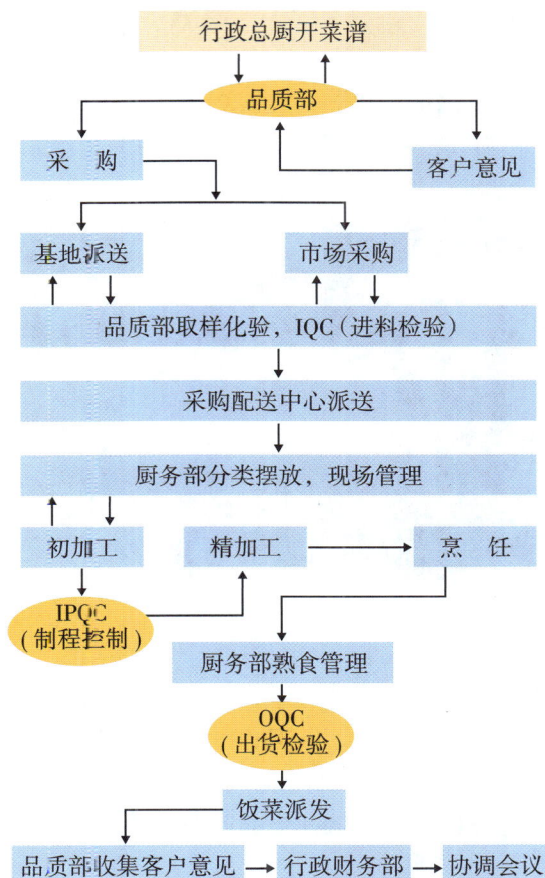

图 1.13　餐饮管理流程

　　餐饮企业应根据等级、客源市场的消费水平和经营目标等因素制订相应的成本标准，按规定的毛利率确定菜肴的售价，在满足客人需求的前提下，保证餐饮企业的经济利益。因此，餐饮企业应建立餐饮成本控制体系，加强对餐饮生产全过程，如采购、验收、库存、发放、食材粗加工、切配、烹制、餐厅销售等各环节的成本控制，并定期对餐饮成本进行比较分析，及时发现存在的问题及其原因，从而采取有效降低成本的措施，提高餐饮企业的经济效益。

任务1.3　餐饮从业人员的素质要求

　　随着竞争的日趋激烈和消费者自我保护意识的增强，宾客对餐饮服务质量的要求越来越高，而餐饮服务质量的提高有赖于高素质的员工。对餐饮从业人员的素质要求主要有以下 6 个方面：

1.3.1　思想素质要求

1）政治思想素质

餐饮从业人员应树立正确的世界观。在服务工作中，要严格遵守外事纪律，讲原则、讲团结、识大体、顾大局，不做有损国格、人格的事。

图1.14　餐饮从业人员

2）专业思想素质

餐饮从业人员必须树立牢固的专业思想，充分认识到餐饮服务对提高服务质量的重要作用，热爱本职工作，在工作中不断努力学习，奋发向上，开拓创新。自觉遵守文明礼貌、助人为乐、爱护公物、保护环境、遵纪守法的社会公德。倡导爱岗敬业、诚实守信、办事公道、服务群众、奉献社会的职业道德，并养成良好的行为习惯，培养自己的优良品德。

1.3.2　服务态度要求

服务态度是指餐饮从业人员在对客服务过程中体现出来的主观意向和心理状态，其好坏直接影响到宾客的心理感受。服务态度取决于员工的主动性、创造性、积极性、责任感和素质的高低。其具体要求是：

（a）　　　　　　　　　　　　　　　（b）

图 1.15　服务态度

1）主动

餐饮从业人员应牢固树立"宾客至上，服务第一"的专业意识，在服务工作中应时时刻刻为宾客着想，表现出一种主动、积极的情绪。凡是宾客需要，不分分为、分外，发现后立即主动、及时地予以解决，做到五勤——眼勤、口勤、手勤、脚勤、心勤，五声——"进店有迎声""询问有答声""顾客帮忙有谢声""照顾不周有歉声""离店有送声"。

2）热情

餐饮从业人员在服务工作中应热爱本职工作，热爱自己的服务对象，像对待亲友一样为宾客服务，做到面带微笑、端庄稳重、语言亲切、精神饱满、诚恳待人，具有助人为乐的精神，处处热情待客。

3）耐心

餐饮从业人员在为各种不同类型的宾客服务时，应有耐性，不急躁，不厌烦，态度和蔼。服务人员应善于揣摩宾客的消费心理，对于他们提出的所有问题，都应耐心解答，百问不厌，并能虚心听取宾客的意见和建议，对事情不推诿。与宾客发生矛盾时，应尊重宾客，并有较强的自律能力，做到心平气和，耐心说服。

4）周到

餐饮从业人员应将服务工作做得细致入微，面面俱到，周密妥帖。在服务前，服务人员应做好充分的准备工作，对服务工作做出细致、周到的计划；在服务时，应仔细观察，及时发现并满足宾客的需求；在服务结束时，应认真征求宾客的意见和建议，并及时反馈，以便将服务工作做得更好。

1.3.3　营养点餐的要求

1）三段原则，新旧配合

一般宴席要更多地考虑温馨的气氛和适口的味道。菜肴由主菜、创新菜和清爽菜3类菜组成。这样既能保证食物的多样性，又能保证荤素搭配、口味丰富，而且简单易行，容易掌握。

2）知己知彼，了解宜忌

食客由于年龄、性别、民族、口味的不同，对食物的要求也有所不同。如席上中老年人较多时，要多上一些清淡、柔软的菜肴，减少油腻、硬实、过度刺激的食物。如席间女宾较多时，就要考虑上一些带点甜味的菜肴，或以蔬菜为主的菜肴，以及水果和甜点。如果席间有较多青壮年男性，就要上一些比较耐吃的肉类菜肴。

3）注重顺序，先上主食

主食对消化系统功能较弱的人具有保护作用，既能减轻胃肠的负担，又能减轻分解过多蛋白质给肝肾造成的负担，还能均衡营养。在上菜的时候，可用其他淀粉类食物代替主食，来发挥均衡营养和保护身体健康的作用。菜肴中含有淀粉的食材并不少，如马铃薯（土豆）、甘薯（红薯）、芋头、山药、凉粉、凉皮、荞麦粉、蕨根粉、莜面等。用它们做成的菜肴，可作为主食食用。

4）荤素搭配，注重营养

如今的食物种类非常丰富，人们能更多地体会到素食中的美味。可通过点菜人的精心安排，改变荤素结构，既能丰富味觉享受，又对预防慢性疾病有一定的帮助。

（1）引入更多的蔬菜品种

绿叶菜对于供应各种抗氧化成分十分重要。为了增加美食感觉，不妨选取各种鲜美的菇类、藻类等，作为餐饮美食的一部分。

（2）引入粗粮豆类做成的美食

很多餐馆都有用粗粮和豆类制作的各种点心小吃，如精美粥食、糕类、饼类、面条、五谷杂粮筐、地方风味小吃等。它们可以提供更多的膳食纤维，还能延缓血糖的上升，减少对脂肪的吸收。

（3）把薯类、瓜类和水果请上桌

红薯、南瓜、芋头、山药、荸荠、水果等，都是很好的食材。在没有主食的宴席上，有了它们，就能够提供一部分碳水化合物，还能够提供更多的膳食纤维和矿物质，兼有主食和蔬菜的营养作用。

5）少油烹调，自然口感

在上菜时，搭配更多以蒸、烤、煮、清炖等烹调方法制成的菜肴，可以减少烹调中的油脂数量。一些风味清新、色泽清爽的凉拌菜肴，不仅能保持食物本身的营养和风味，还能消除油腻感，起到振奋味蕾的作用。

6）饮料清爽，无脂无糖

选用没有甜味的饮品，口感或许会更加丰富。例如，用优质茶、玫瑰、茉莉、桂花、柠檬等泡的水，或者餐馆自制的纯果汁、蔬菜汁、玉米浆、鲜豆浆等特色饮品，都是不错的选择。它们味道清新，能量低，滋养进补，有益健康。

1.3.4 服务知识要求

餐饮从业人员应具有较广的知识面，具体内容有：

1）基础知识

主要有员工守则、服务意识、礼貌礼节、职业道德、外事纪律、饭店安全与卫生、服务心理学、外语知识等。

2）专业知识

主要有岗位职责、工作程序、运转表单、管理制度、设施设备的使用与保养、饭店的服务项目及营业时间、沟通技巧等。

3）其他相关知识

主要有宗教，哲学，美学，文学，艺术，法律，各国的历史地理、习俗礼仪，本地和周边地区的旅游景点及交通知识等。

1.3.5　业务能力要求

1）语言能力

语言是人与人沟通、交流的工具。餐厅的优质服务需要运用语言来表达。因此，餐饮从业人员应具有较好的语言能力。《旅游饭店星级的划分与评定》（GB/T 14308—2010）对饭店服务人员的语言要求为："语言要文明、礼貌、简明、清晰；提倡讲普通话；对客人提出的问题无法解答时，应予以耐心解释，不推诿和应付。"此外，服务人员还应具备一定的外语能力。

2）应变能力

由于餐厅服务工作大都由员工通过手工劳动完成，而且宾客的需求多变，因此，在服务过程中难免会出现一些突发事件，如宾客投诉、员工操作不当、宾客醉酒闹事、停电等，这就要求餐厅服务人员必须具有灵活的应变能力，遇事冷静，及时应变，妥善处理，充分体现饭店"宾客至上"的服务宗旨，尽量满足宾客的需求。

3）推销能力

餐饮产品的生产、销售及宾客消费几乎是同步进行的，且具有无形性的特点，所以要求餐厅服务人员必须根据客人的爱好、习惯及消费能力灵活推销，尽力提高宾客的消费金额，从而提高餐饮部的经济效益。

4）技术能力

餐饮服务既是一门科学，又是一门艺术。技术能力是指餐厅服务人员在提供服务时显现的技巧和能力，它不仅能提高工作效率，保证餐厅服务的规格标准，还能给宾客带来赏心悦目的感受。因此，要做好餐厅服务工作，就必须掌握娴熟的服务技能，并灵活、自如地加以运用。

5）观察能力

餐厅服务质量的好坏取决于宾客在享受服务后的生理感受和心理感受，即宾客需求的满足程度。这就要求服务人员在对客服务时应具备敏锐的观察能力，随时关注宾客的需求并给予及时满足。

6）记忆能力

餐厅服务人员通过观察了解到的有关宾客需求的信息，除了应及时给予满足之外，还应加以记忆，当宾客下次光临时，服务人员即可提供有针对性的个性化服务，这无疑会提高宾客的满意程度。

7）自律能力

自律能力是指餐厅服务人员在工作过程中的自我控制能力。服务人员应遵守饭店的员工守则等管理制度，明确知道在何时、何地能够做什么，不能够做什么。

8）服从与协作能力

服从是下属对上级应尽的责任。餐厅服务人员应具有服从上级命令的组织观念，对直接上司的指令应无条件服从并切实执行。与此同时，服务人员还必须服从客人，对客人提出的要求予以满足，但应服从有度，即满足客人符合传统道德观念和社会主义精神文明的合理需求。

1.3.6　身体素质要求

1）身体健康

餐饮从业人员必须身体健康，定期体检，取得卫生防疫部门核发的健康证，如患有不适宜从事餐厅服务工作的疾病，应将其调离岗位。

2）体格健壮

餐饮服务工作的劳动强度较大，餐厅服务人员的站立、行走及餐厅服务等必须具有一定的腿力、臂力和腰力等，因此，餐饮从业人员必须有健壮的体格才能胜任工作。

此外，餐厅服务工作需要团队精神，餐厅服务质量的提高需要全体员工的参与和投入。在餐厅服务工作中，要求服务人员在做好本职工作的同时，与其他员工密切配合，尊重他人，共同努力，尽力满足宾客需求。

任务1.4　餐饮部各岗位职责

1.4.1　餐饮部经理的主要职责

餐饮部经理的主要职责有：

①负责整个餐饮部的正常运转，执行计划、组织、督导及控制等工作，使宾客得到更大的满足和预期的效益。

②负责策划餐饮特别推广宣传活动。

③每天审阅营业报表，进行营业分析，做出经营决策。

④制订各类人员操作程序和服务规范。

⑤建立健全考勤、奖惩和分配等制度，并切实予以实施。

⑥与行政总厨、公关营销部、宴会预订员一起研究制订长期和季节性菜单、酒单。

⑦督促搞好食品卫生和环境卫生。

⑧负责对大型团体就餐和重要宴会的巡视、督促工作。

⑨处理客户的意见和投诉，缓和不愉快局面。

⑩让员工学习业务知识并参加技术培训。

⑪审阅和批示有关报告和各项申请。

⑫协助人事部门搞好定岗、定编、定员工作。

⑬参加饭店例会及业务协调会，建立良好的公共关系。

⑭主持部门例会，协调本部门内部工作。

⑮分析预算成本、实际成本，制订售价，控制成本，达到预期指标。

⑯拟订最新水平之食品配方资料系统。

⑰协调内部矛盾，处理好聘用、奖励、处罚、调动等人事工作，处理员工意见及纠纷，建立良好的下属关系。

图1.16　餐饮部经理

1.4.2　餐厅经理/主管的主要职责

餐厅经理/主管的主要职责有：

①掌握餐厅内的设施及活动，监督及管理餐厅内的日常工作。

②安排员工班次，核准考勤表。

③对员工进行定期培训，确保饭店的政策及标准得以贯彻执行。

④经常检查餐厅内的清洁卫生、员工个人卫生、服务台卫生，以确保宾客的饮食安全。

⑤与宾客保持良好的关系，协助营业推广、征询及反映宾客的意见和要求，以便提高服务质量。

⑥与厨师长联系并商议有关餐单准备事宜，保证食品的质量控制在最高水平。

⑦监督每次盘点及物品的保管。

⑧主持召开餐前会，传达上级指示，做好餐前的最后检查，并在餐后做总结。

⑨直接参与现场指挥工作，协助所属员工服务，提出改善意见。

⑩审理有关行政文件，签署领货单及申请计划。

⑪督促及提醒员工遵守饭店的规章制度。

⑫引导下属大力推销产品。

⑬紧抓成本控制，严禁偷吃、浪费等现象。

⑭填写工作日记，反映餐厅的营业情况、服务情况、宾客投诉或建议等。

⑮负责餐厅的服务管理，保证每个服务员按照饭店规定的服务程序、标准去做，为宾客提供高标准的服务。

⑯经常检查餐厅常用货物是否准备充足，确保餐厅正常运转。

⑰了解当日供应品种、缺货品种、推出的特选等，并在餐前会上通知所有服务人员。

⑱及时检查餐厅设备的状况，做好维护保养工作、餐厅安全和防火工作。

图 1.17　餐厅经理 / 主管

1.4.3　餐厅领班的主要职责

餐厅领班的主要职责有：

①接受餐厅经理指派的工作，全权负责本区域的服务工作。

②协助餐厅经理拟订本餐厅的服务标准、工作程序。

③负责本班组员工的考勤。

④根据情况安排好员工的工作班次，并视工作情况及时进行人员调整。

⑤督促每一个服务员，并以身作则大力向宾客介绍、推销产品。

⑥指导和监督服务员按要求与规范工作。

⑦接受宾客订单、结账。

⑧带领服务员做好班前准备工作与班后收尾工作。

⑨处理宾客投诉及突发事件。

⑩经常检查餐厅设施是否完好，及时向有关部门汇报营业设施及设备的损坏情况，向餐厅经理报告维修事实。

⑪保证出口准时、无误。

⑫营业结束后带领服务员搞好餐厅卫生，关好电力设备开关，锁好门窗、货柜。

⑬配合餐厅经理对下属员工进行业务培训，不断提高员工的专业知识和服务技能。

⑭与厨房员工及管事部员工保持良好关系。

⑮当直属餐厅经理不在时，代行其职。

⑯核查账单，保证在交宾客签字、付账前完全正确。

⑰负责重要宾客的引座及送客致谢。

⑱完成餐厅经理临时交办的工作。

图 1.18　餐厅领班

1.4.4　迎领服务员的主要职责

迎领服务员的主要职责有：

①在本餐厅入口处礼貌地问候宾客，迎领宾客到适当的餐桌，协助拉椅让座。

②递上菜单，并通知区域值台员提供服务。

③熟悉本餐厅内所有餐桌的位置及容量，确保进行相应的迎领工作。

④将宾客平均分配到不同的服务区域，以平衡各位服务员的工作量。

⑤在营业高峰餐厅满座时，妥善安排候餐客人。如客人愿意等候，则请客人在门口休息区域就座，并告知大致的等候时间；如客人是住店的，也可以请客人回房间等候，待餐厅有空位时再通知客人；还可以介绍客人到饭店的其他餐厅就餐。

⑥记录就餐宾客的人数及其所有意见或投诉，并及时向上级汇报。

⑦接受或婉拒宾客的预订。

⑧协助宾客存放衣帽、雨具等物品。

⑨积极参加培训，不断提高自己的服务水平和服务质量。

1.4.5　餐厅服务员的主要职责

餐厅服务员的主要职责有：

①负责擦净餐具、服务用具，搞好餐厅的清洁卫生。

②到仓库领货，负责餐厅各种物件的点数、送洗和记录工作。

③负责补充工作台，并在开餐过程中随时保持整洁。

④按本餐厅的要求摆台，并做好开餐前的一切准备工作。

⑤熟悉本餐厅供应的所有菜点、酒水，并做好推销工作。

⑥接受宾客点菜，并保证宾客及时、准确无误地得到菜品。

⑦按本餐厅的标准为宾客提供尽善尽美的服务。

⑧做好结账收款工作。

⑨在开餐过程中，关注客人的需求，在宾客呼唤时能做出迅速的反应。

⑩负责宾客就餐完毕后的翻台或为下一餐摆台，做好营业结束时的工作。

⑪积极参加培训，不断提高自己的服务水平和服务质量。

（a）　　　　　　　　　　　　　　（b）

图 1.19　餐厅服务员

1.4.6　传菜员的主要职责

传菜员的主要职责有：

①在开餐前负责准备好调料、配料和传菜夹等，主动配合厨师做好出菜前的所有准备工作。

②负责小毛巾的洗涤、消毒工作或去洗衣房领取干净的小毛巾。

③负责传菜间和规定地段的清洁卫生工作。

④负责将点菜单上的所有菜点按上菜次序准确无误地传送到点菜宾客的值台员处。

⑤协调值台员将脏餐具撤回洗碗间，并分类摆放。

⑥妥善保管点菜单，以备查核。

⑦积极参加培训，不断提高自己的服务水平和服务质量。

小　结

1.餐饮管理者必须明确餐饮管理的目标与要求，从环境、菜肴、服务和效益等方面入手开展管理工作。

2.餐饮企业的经营在生产、销售和服务等方面具有与其他行业不同的特点。

3.餐饮企业的组织机构因规模、等级、服务内容、服务方式、管理模式等方面的不同而不同。

4.餐饮从业人员在思想政治、服务态度、服务知识、业务能力、身体素质等方面都有一定的要求。

思 考 题

1. 餐饮服务有 _____、_____、直接性和 _____ 4 个特点。

2. 餐饮从业人员应具有的服务知识包括 _____、_____ 和 _____ 3 个方面。

3. 简述餐饮生产及销售的特点。

项目 **2**

餐厅服务与管理

【知识学习目标】

1. 了解餐厅及餐厅服务的概念；餐厅布置包含的内容；餐饮服务质量、内容及特点。
2. 掌握中式、西式菜点知识；西餐特点、西餐菜肴与酒水搭配；西餐服务方式。
3. 熟悉中、西餐厅及自助餐的服务规程。
4. 学会分析并控制餐饮服务质量。

【能力培养目标】

模拟练习中、西餐厅及自助餐的服务程序。

【教学重点】

中、西餐厅及自助餐的服务程序；西餐服务方式。

【教学难点】

中、西餐厅及自助餐的服务规程；餐饮服务质量的分析与控制。

任务2.1 餐厅概述

2.1.1 餐厅及餐厅服务

1）餐厅的概念及应具备的条件

餐厅是通过出售服务、菜肴来满足宾客饮食需求的场所。餐厅必须具备以下 3 个条件：

①有一定的场所。餐厅是具有一定接待能力的餐饮空间和设施。

②提供食品、饮料和服务。食品饮料是基础，而餐饮服务是保证。

③以营利为目的。餐饮部是饭店的利润中心之一，餐饮工作者应致力于开源节流。

图 2.1 餐厅

2）餐厅服务的概念

餐厅服务是餐厅服务人员为就餐客人提供食品、酒水的一系列行为的总和。

2.1.2 餐厅的布置

餐厅的布置，包括餐厅的门面（出入口）、餐厅的空间、座席空间、光线、色调、音响、空气调节、餐桌椅标准，以及餐厅中客人与员工流动线设计等内容。

1）餐厅的店面及通道的设计布置

目前，餐厅在店面设计与布置上摆脱了以往封闭式的方法而改为开放式。外表采用大型的落地玻璃使之透明化，使人一望即能看到厅内用餐的情景。同时，注重餐厅门面的大小和展示窗的布置，招牌文字醒目和简明。

（1）餐厅通道的设计

餐厅通道的设计布置应注重流畅、便利、安全，切忌杂乱。

（2）餐厅内部空间、座位的设计与布局

通常情况下，餐厅的空间设计与布局包括以下几个方面：

A. 流通空间：通道、走廊、座位等。

B. 管理空间：服务台、办公室、休息室等。

C. 调理空间：配餐间、主厨房、冷藏保管室等。

D. 公共空间：洗手间等。

（a）

（b）

图 2.2 餐厅的布置

餐厅内部的设计与布局应根据餐厅房间的大小决定。由于餐厅内部各部门所占空间的需要不同，因此在进行整个空间设计与局部规划时，要求统筹兼顾，合理安排。要考虑客人的安全性与便利性，结合各环节的机能、实用效果等诸因素；注意全局与部分间的和谐、均匀、对称，体现出独特的风格情调，使客人一进餐厅便能强烈地感受到形式美与艺术美，得到一种享受。

（3）餐厅座位

餐厅座位的设计、布局，对整个餐厅的经营影响很大。餐厅的餐桌、餐椅等大小、形状各不相同，而且有一定的比例和标准，一般以餐厅面积的大小，按座位的需要做适当的配置，使有限的餐厅面积能最大限度地发挥其运用价值。

目前，餐厅座位的形式一般有：单人座、双人座、四人座、六人座、火车式、圆桌式、沙发式、方形、长方形、情人座、家庭式等，以满足各类客人的不同需求。

（4）餐厅动线的安排

餐厅动线是指客人、服务员、食品与器物在厅内的流动方向和路线。

①客人动线

客人动线应以从大门到座位之间的通道畅通无阻为基本要求。一般来说，餐厅中客人的动线采用直线为好，避免迂回绕道，任何不必要的迂回曲折都会使人产生一种混乱的感觉，影响或干扰客人进餐的情绪和食欲，餐厅中客人的流通通道要尽可能宽畅，动线以一个基点为准。

②服务人员动线

服务人员动线的长度对工作效益有直接的影响，原则上越短越好。在服务人员动线安排中，注意一个方向的道路作业动线不要太集中，尽可能除去不必要的曲线。可以考虑设置一个"区域服务台"，既可存放餐具，又有助于服务人员缩短动线。

（5）餐厅的光线与色调

大部分餐厅设立于邻近路旁的地方，并以窗代墙。也有些餐厅设在高层，这种充分采用自然光线的餐厅，使客人一方面能享受到自然阳光的舒适，另一方面能产生一种明亮宽敞的感觉，心情舒畅而愉快地用餐。

还有一种餐厅设立在建筑物中央，这类餐厅需借助灯光，并摆设各种古董或花卉，光线与色调也需十分协调。这样才能吸引客人注目，满足客人的视觉要求（表2.1）。

表2.1　光源种类说明

类　别	亮　度	寿　命	色　彩	调　光	用　途	性　能
白炽灯	1	100小时，使用调光器时，可用400小时	红黄	可以	入口门厅、餐厅、厨房、洗手间处	白炽灯是钨丝制成的，熔点很高

续表

类 别	亮 度	寿 命	色 彩	调 光	用 途	性 能
日光灯	3	3 000 小时, 每开关一次,就缩短 2 小时寿命	黄绿(红橙黄色)	不可以	外灯、门灯、公用灯等	即荧光灯

餐厅入口照明是为了使客人能看清招牌,吸引注意力。它的高度与建筑物的高低成一定比例,光线以柔和为三,使客人感觉舒适为宜。

餐厅走廊照明,如遇拐弯和梯口,倘若应配置灯光,灯泡只要 20 ~ 60 瓦就够了。长走廊每隔 6 米左右装一盏灯,倘若角落区有电话或储物,要采取局部照明法。

餐厅光线与色调的配置要结合季节来制订,或依餐厅类型制订(表 2.2、表 2.3)。

表 2.2 根据季节配置的餐厅色调

季 节	色 调	光 源
春	明快	50 ~ 100 烛光
夏	以冷色调为主	50 烛光
秋	成熟强烈色彩	50 ~ 100 烛光
冬	以暖色调为主	100 烛光

表 2.3 根据餐厅类型配置的餐厅色调

餐 厅	色 调	光 源
豪华型	软暖或明亮	50 烛光
正餐	橙黄、水红	50 ~ 100 烛光
快餐	乳白色、黄色	100 烛光

无论哪一种光线与色调的确立,都是为了充分发挥餐厅的作用,以获取更多的利润,满足更多的客人。

2)空气调节系统的布置

客人来到餐厅,希望能在一个四季如春的舒适空间就餐,因此,室内的空气与温度对餐厅的经营密切相关。

餐厅的空气调节受地理位置、季节、空间大小、室外温度等因素的制约。餐厅应根据不同季节环境选用合适的温度与湿度(表 2.4)。

表 2.4　餐厅室内、外温度比较

室外温度/℃	室内温度/℃	与室外温度比例/%
25	22	65
26	23	65
28	24	65
30	25	60
35	29	60
−10	1～5	45
−50	5	50

3）音响设施

餐厅根据营业需要，在开业前就应考虑音响设施的配置。音响设施既包括背景音乐设备，也包括乐器和乐队。高雅的餐厅在营业时有人演奏钢琴。有的餐厅营业时播放轻松愉快的乐曲；有的餐厅有乐队演奏，歌星献艺，客人自娱自唱。有时，餐厅还会被用作会场，这时要为会议提供多种同声传译的音响设备。所以，各餐厅应根据自己的需要配备相应的音响设施。

4）非营利性设施

餐厅中常设有一些非营利性设施，这些设施虽然不直接创造效益，但可以给客人带来便利，所以也必不可少。

（1）接待室

接待室的设立是为了在餐厅客满时，客人不必站立等候，而可以在环境舒适的地方休息。接待室提供给客人消遣的设施，如电视机、报纸、杂志等。如有可能，还可设立一个小推销站。若接待室空间较宽敞，必要时可作为小型会议场所。

①衣帽间。通常设在靠近餐厅进口处。

②洗手间。评估一个好的餐厅是从装潢最好的洗手间开始，因为任何人都可以从洗手间的整洁程度来判断该餐厅对卫生状况的重视程度，所以应引起特别的重视。洗手间的设置应注意：

A.洗手间应与餐厅设在同一层楼，以免客人上下不便。

B.洗手间的标记要清晰、醒目（要中英文对照）。

C.洗手间切忌与厨房连在一起，以免影响客人的食欲。

D.洗手间的空间能容纳 3 人以上。

E.附设的酒吧应有专用的洗手间，以免客人饮酒时跑到较远的地方去方便。

（2）电话服务

在餐厅方便处设置专用的电话，以方便客人使用。

（3）结账处

选择恰当的地方设立收银结账处。

（a）　　　　　　　　　　　　　　（b）

图2.3　非营利性设施

任务2.2　订餐服务

2.2.1　移动点餐

随着移动互联网时代的到来，手机网络点餐、电子点餐逐渐成为餐饮业信息化的新热点。例如，国外在线点餐平台 OrderBird，IOS 设备用户可以借助 OrderBird 在餐馆进行点餐、付费。OrderBird 的竞争对手 Square 和 PayPal 的 Here 服务，也提供非近场通信技术的支付手段。OrderBird 为用户提供餐馆的定制菜单等个性化服务，同时为餐馆经营者提供相应的数据统计服务。在这个环境下，国内首家移动手机点餐业务

图2.4　移动点餐

的深圳排队网络技术有限公司开启了国内移动点餐业务的新一轮覆盖，为国内消费者构筑了良好的消费环境，更快捷的消费体验和更好的消费服务。

1）概念

移动点餐，顾名思义，是利用智能手机实现移动购物的功能，属于移动电子商务。该功能允许用户使用智能手机订餐客户端方便快捷地获取餐厅信息、预览餐厅菜单、选择座位、下订单，或到餐厅直接用餐。

2）特点

①节省硬件成本。饭店不需要再花更多成本购买 iPad、电子菜谱这些设备，可以减少采购数量。而这些硬件，往往是电子菜谱解决方案中成本最多的地方。

②节省人力成本。食客不需要时时事事叫服务员，只需要在下单时叫服务员，则自然可以节省更多的人力成本。

③节省印刷成本。电子设备节省了纸质菜谱的印刷成本。

3）流程

（1）搜索

①打开订餐 App 软件，用户可以通过首页的菜系、商圈、附近、店铺名称、地址搜索，输入关键字的方式来搜索想要订餐的餐厅。

②用户可以通过首页的热度排名浏览商铺，再选择喜爱的餐厅，在餐厅列表里面选择想订餐的餐厅。

（2）注册登录

点击"我要点餐"，进入登录页面，可通过注册排队网账号登录，也可以方便地通过第三方登录方式，如 QQ、微博、微信，进入订餐页面。

（3）填写订餐信息

填写预订信息、具体时间、就餐人数。

（4）选择座位

靠窗、VIP、包房、大厅、快餐桌位等。

（5）订餐

特色菜、套餐、特价菜、饭粥主食等，系统默认每件商品的订购数量为 1 件，如果用户想购买多件商品，可修改购买数量，或者点击"+""-"对菜品的数量进行增减操作。也可以选择各种口味，如酸甜、麻辣、酸辣等。最后，提交订单。

2.2.2　微信营销

随着智能手机和平板电脑的普及，移动互联网的便捷性得到了越来越多人的认可。然而，随着手机移动智能化的盛行，互联网的生活也和普通日常生活变得很相似，查天气、订餐、订机票、订酒店、打车等，微信 App 都可以帮人们做到，可见其已成为智能手机用户生活中必不可少的应用，小到摊贩小店、大到跨国公司，每处都有它的身影。

1）去微信公众平台申请微信公众号

微信公众号主要面向的是名人、政府、媒体、企业等机构推出的平台，可以通过微信公众平台的渠道将品牌推广给上亿的微信用户。因此，餐饮行业想要做好微信营销就要先去申请微信账号。

2）通过二维码的方式去推广微信账号

当公众账号注册好了之后，我们就要为餐厅微信账号做宣传，让更多的人知道这家餐厅的微信账号，所以申请好账号之后要大力地推广。推广账号有两种渠道：一是可以通过网络的方式推广，如当地 QQ 群、微博转发、QQ 空间、论坛、博客等；二是坐在收银台前主动跟客户说明本店已经开通微信订餐、外卖等服务，或者在餐厅的每个桌面摆上微信二维码和说明文字。

3）主动给微信用户发用餐信息

上一步做好之后，最后就要主动给所加的微信好友发信息。一般公众号账号是在计算机上登录的，发布信息较方便，而且微信公众平台有群发的功能，因此可以集中发布一些用餐信息，而且还可以发布一些图片、语音等信息。

任务2.3 中餐厅服务

中餐厅是专门为宾客提供中式菜肴、点心、饮料服务的场所，是我国餐饮企业最主要的餐厅种类，也是弘扬中华饮食文化的场所。

2.3.1 中餐厅概述

1）中餐厅环境

中餐厅环境应创造优美、典雅、整齐、协调的艺术效果，以便给客人留下良好的第一印象，增加餐厅的吸引力，达到既增进客人食欲，又满足其精神需要的目的，从而提高饭店的经济效益。

中餐厅桌面应使用鲜花、盆栽或盆景以美化环境，但要求无枯枝败叶，修剪效果好。墙面应有一定的字画、条幅或其他墙饰（如木雕）等艺术品，并达到正规、完整、无褪色剥落的要求。

2）中餐厅布局

中餐厅布局的总体要求是宽敞整齐、美观雅致。餐厅应在饭店主体建筑物内，或主体建筑物有封闭通道连接的地方，同时，餐厅必须靠近厨房。餐厅应有分区设计，各服务区域设置合理，总体布局妥当。同时，餐厅应配置专门的酒水台（吧台），以提供酒水服务。

3）中餐厅家具

中餐厅家具一般包括餐桌（方桌、圆桌等）、座椅、工作台、餐具柜、屏风、花架等，必须根据中餐厅所供菜点风味等设计配套，并与餐厅整体环境相映成趣，形成较为协调的风格。中餐厅的家具造型应科学，尺寸比例应符合目标客源市场的人体构造特点，以增强客人的舒适感。另外，为方便带儿童的客人前来就餐，中餐厅还应备有专为儿童设计的座椅。儿童座椅必须带扶手和栏杆，其座高一般为65厘米（普通座椅为45厘米），而其座宽和座深则比普通座椅略小。

4）中餐厅灯光

中餐厅应使用与餐厅室内环境相协调的高级灯具，灯具造型要有一定的特色，以便能创造出金碧辉煌、热烈兴奋的气氛。另外，餐厅应设置应急照明灯。

总之，中餐厅应营造出怡人的气氛，装

图2.5 中餐厅灯光

饰布置与餐厅类型及所供菜点相适应，给客人带来美感和舒适感。

2.3.2 餐前准备工作

1）清洁、整理餐厅

餐厅清洁卫生是提高餐厅服务质量的基础和条件。搞好餐厅卫生，既可美化环境，又可提升客人的就餐兴趣。

①定期做好空调风机滤网的清洗、地毯的清洗、地板或花岗岩（大理石）地面的打蜡等卫生工作。

②利用餐厅的营业间隙或晚间营业结束后的时间进行餐厅的日常除尘。一般应遵循从上到下、从里到外、环形清扫的原则。

③全面除尘后应用吸尘器（地毯）或尘推（地板或花岗岩地面）除尘，并喷洒香水或空气清新剂，确保餐厅空气的清新。

④不同的部位应使用不同的抹布除尘，一般是先湿擦，后干擦。整个餐厅的清洁卫生工作应在开餐前一小时左右完成。

⑤应特别注意餐厅附近公共卫生间的清扫。具体要求为地面洁净，便器无污物、无堵塞，洗手池台面干净、镜子光亮，卫生用品供应充足等。

⑥搞好衣帽间的清洁卫生。搞好衣帽间清洁卫生后，应将餐桌椅和工作台摆放整齐，横竖成行，以营造整洁大方、舒适美观的进餐环境。

2）准备营业所需物品

①准备餐酒用品。主要有各种瓷器、玻璃器皿及布件等，应根据餐位数的多少、客流量的大小、供餐形式等来确定。要求数量充足、质量佳（无任何缺损）。

②准备服务用品。主要有各种托盘、开瓶器具、菜单、酒水单、牙签、笔、各种调味品等，应准备齐全充足，确保完好无损、洁净卫生。

③准备酒水。即酒水（饮料）单上的酒水必须品种齐、数量足。吧台酒水员应在开餐前去仓库领取酒水，并做好瓶（罐）身的清洁卫生，按规定陈列摆放或放入冰箱冷藏待用。

④收款准备。在营业前，收款员应将收款用品准备好，如账单、账夹、菜单价格表等。同时，备足零钞分类放好。另外，还应了解新增菜肴的价格和某些菜肴的价格变动情况等。

⑤其他。如衣帽间服务员应根据客流量及季节的变化准备足够的衣架、挂钩、存衣牌等，以便提供优质的衣帽服务。

3）摆台

按标准要求摆台。

4）掌握客源情况

①了解客人的预订情况，针对客人要求和

图 2.6　中餐宴会摆台标准

人数安排餐桌。

②掌握 VIP 的情况，做好充分的准备，确保接待规格和服务的顺利进行。

③了解客源增减变化规律和各种菜点的点菜频率，以便有针对性地做好推销工作，这样既可满足客人需求，又可增加菜点销售。

5）了解菜单情况

①了解餐厅当日所供菜点的品种、数量、价格。

②掌握所有菜点的构成、制作方法、制作时间和风味特点。

③熟悉时令菜或特色菜等。

6）其他准备工作

①餐前检查。

②参加餐前例会。

③上岗。

2.3.3 中餐厅服务规程

图 2.7　中餐厅服务

1）迎领服务

①问候客人。

②接挂衣帽。

③询问客人有无预订。

④引领客人入座。

⑤交接与复位。

⑥迎领服务注意事项。在迎领服务过程中，迎领服务员还应注意以下事项：

A. 遇 VIP 前来就餐时，餐厅经理（主管）应在餐厅门口迎候。

B. 如迎领员引领客人进入餐厅而造成门口无人时，餐厅领班应及时补位，以确保客人前来就餐时有人迎候。

C. 如客人前来就餐而餐厅已满座时，应请客人在休息处等候，并表示歉意。待餐厅有空位时，应立即安排客人入座。也可将客人介绍至饭店的其他餐厅就餐。

D. 迎领员应根据客人情况为其安排合适的餐位，如为老年人和残疾人安排离门口较近的座位；为衣着华丽的客人安排餐厅中间或较显眼的座位；为情侣安排较为僻静的座位等。

E. 迎领员在安排餐桌时，应注意不要将所有客人同时安排在一个服务区域内，以免有的值台员过于忙碌，而有的则无所事事，影响餐厅服务质量。

F. 如遇带儿童的客人前来就座，迎领员应协助值台员送上儿童座椅。

G. 如遇客人来餐厅门口问询，如问路、看菜单、找人等，迎领员也应热情地帮助客人，尽量满足其要求。

2）餐前服务

图 2.8　餐前服务

餐前一系列服务应遵循先宾后主，女士优先的服务原则。

①上毛巾。

②问茶。

③铺餐巾。

④撤筷套。

⑤增减餐位。

⑥倒调料。

在餐前服务过程中，如客人示意点菜，则应先接受客人点菜，然后再提供相应的餐前服务，以满足客人的需要。

3）点菜服务

①及时询问。

②适当介绍。

③点菜姿势。

④合理建议。

⑤填单记录。

A. 书写时，将点菜单放在左手掌心，不能将点菜单放在客人餐桌上。

B. 填写点菜单时应迅速、准确，书写端正、清楚。

C. 冷菜和热菜应分开填单。

D. 注明客人对菜点的特殊要求，如分量、制作方法、嫩老程度、口味要求等。

E. 特殊处理。

F. 准确复述。

G. 及时传送。

4）酒水服务

客人点完菜后，值台员应主动推销酒水，向客人详细介绍酒类的酒精含量、产地、特点及容量等，待客人选定后，按要求填写酒水订单。酒水订单一式两份，一份交收银员，一份交吧台。

值台员应用托盘凭酒水订单去吧台领取客人所点的酒水，并做认真检查，如商标是否干净或有无破损、酒水有无变质、酒水供应温度是否符合要求等。将酒水托送至工作台上，根据酒水品种准备相应的酒杯，如烈酒应用白酒杯、加饭酒用黄酒杯、葡萄酒用葡萄酒杯等。

将相应酒杯送上餐桌后，应将酒类（如有包装应连同包装）拿到客人的餐桌上向客人展示，待客人过目无疑后再打开包装，拿出酒瓶，并当着客人的面打开酒瓶盖，然后提供酒水服务。

斟满酒水后，值台员应主动询问客人可否撤走茶具。撤茶具应从客人右侧用托盘进行。如客人需保留茶具，则应满足其要求，并随时主动为客人添加茶水。

图 2.9　酒水服务

5）菜肴服务

（1）传菜服务

传菜员是餐厅与厨房的纽带，其主要工作是将厨房制作好的菜肴及时、准确地传送至相应的服务区域供值台员上菜，再将餐厅撤下的餐、酒、茶具托送至洗碗间。

（2）上菜服务

值台服务员应按顺序及时为宾客上菜。为了保障消费者的健康安全，餐厅要全面推行公筷公勺。对于合餐顾客，要做到"一菜一公筷，一汤一公勺"，或者"一人一公筷，一人一公勺"。有条件的餐厅要积极推广分餐制。

6）餐中服务

（1）酒水服务

餐中的酒水服务要求为：

①当客人杯中酒水不足 1/3 时，值台员应随时主动为客人斟酒水。

②当客人所点酒水已倒完时，应主动征询客人是否需要添加酒水。

③如客人不再饮用酒水，则应及时将空杯撤下。

（2）撤换餐碟

在客人用餐过程中，值台员应不断巡视自己的服务区域，如发现客人餐碟中的骨刺残渣超过 1/3 时应及时更换。

（3）撤换烟灰缸

当桌面烟灰缸中有两个以上烟蒂时，应为客人及时撤换烟灰缸。

（4）撤空盘

值台员应随时将桌面空的盘碟撤至工作台，并调整桌面盘碟位置。当客人吃得差不多时，应询问客人是否需要添加菜肴，如否，则询问客人需用什么主食。

（5）洗手盅服务

若上了需用手抓或剥食的菜肴（如虾、蟹等）时，应上洗手盅（每人一盅）。盅内盛放温茶水以解腥腻。洗手盅上桌时说："这是洗手盅！"或"请用洗手盅！"以免客人误喝。上洗手盅后应用托盘和毛巾夹为客人换一次毛巾。

（6）上水果

上水果的要求为：

①客人完全停筷后，值台员应撤走除烟灰缸、酒杯外的所有餐具，换上干净餐碟，送上水果刀、叉，然后将水果送上餐桌，并说："请品尝"或"请享用"。

②上水果后应用托盘和毛巾夹从客人右侧换一次毛巾。

③客人用餐完毕后，应按要求提供茶水服务。

（7）征询意见

客人就餐结束后，值台员或餐厅领班应征询客人对餐饮服务的意见。如属餐厅服务方面的意见或建议，查清原因后及时处理或在今后改进。如果是菜点方面的意见或建议，则应及时反馈至厨房或向上级汇报。

（8）其他服务

①如有必要，应为客人提供分菜服务，分菜时要主动、迅速，数量要恰到好处，最后应有 1/3 的余量。

②如遇客人在餐中吸烟，值台员应为客人点烟。用火柴为客人点烟时，应将火柴向自己身体一侧划燃，待火柴完全燃烧后送至客人面前。点着香烟后，摇熄火柴，将剩余火柴棍装回火柴盒。如用打火机点烟时，应在侧面将火打着后从下往上斜送过去。

为客人点烟时应注意一根火柴或打燃一次只点一支烟，最多点两支，如是第三位客人需点烟时，应重新划火或打火。为客人点着香烟后应及时递上烟灰缸。

同时，值台员应经常巡视本服务区域的卫生情况，若发现地面、餐桌、工作台上有杂物，应随时清理，确保卫生。

7）结账服务

①取账单。

②收款找零。

③签单。

④信用卡结账。

图 2.10 结账服务

8）送客服务

①当客人就餐完毕起身离座时，值台员应拉椅协助。

②值台员应礼貌提醒客人不要遗忘物品。若客人提出要求把没吃完的食品打包带走，值台员应及时提供打包服务，即用饭盒盛装食品后装入塑料袋，以便客人携带，并应礼貌道别。

③若客人有衣帽寄存，则衣帽间服务员或迎领员应根据存衣牌（如是贵宾应凭记忆）为客人递取衣帽，并协助其穿戴。

④客人离开餐厅时，迎领员应将客人送出餐厅（一般走在客人身后，在客人走出餐厅后再送一两步）。一边送一边向客人告别，表示感谢，同时欢迎客人再次光临。

9）收台服务

客人离开餐厅后，值台员要立即开始清理餐桌。

①检查桌面有无客人的遗留物品。若有，则迅速追还给客人；若无法追及，则送交上级处理。

②码齐座椅后按餐酒具种类收台。收台顺序一般为先收餐巾及毛巾，后收玻璃器皿，再收不锈钢餐具，最后收瓷器类餐具及筷子。收台时应分类摆放，坚持使用托盘，并注意安全和卫生。

③按要求重新摆上干净消毒过的餐具及用品，等候迎接下一批客人的到来或继续为其他客人服务。

④撤下的桌布、餐酒具等应及时运送至指定地点。

2.3.4　中餐厅营业结束工作

中餐厅的营业结束工作主要有以下内容：

1）收拾餐桌

撤走所有用过的餐酒用品，搞好餐桌、座椅的卫生，如图 2.14 所示。

图 2.11　收拾餐桌

2）送洗餐酒用品

将撤下的餐酒用品分类送至洗碗间，进行清洗、消毒，并做好保洁工作。

3）整理备餐间

搞好备餐间的卫生，补充各种消耗用品，将脏的餐巾、台布等分类清点后送洗衣房清洗，并办理相应手续。

4）结算当餐收入

收款员应及时结算当餐收入，并填制相应报表，按财务规定的渠道上交账款。

5）回收"宾客意见卡"

餐桌上放置的"宾客意见卡"，若客人已填写，则应及时回收，上交餐厅领班。

6）注意事项

①只有待所有就餐客人离开餐厅后才能进行大范围的餐厅整理工作。若客人尚在用餐，不得以关灯、吸尘、拖地等行为来干扰客人。

②餐厅营业结束工作需餐厅内迎领、值台、传菜、吧台、收款各岗位服务员通力合作方能在短时间内顺利完成。

③餐厅营业结束工作做好后应使餐厅恢复至开餐前的状况，待领班检查合格后关灯、关门。

2.3.5　中式菜肴知识

1）中国主要菜系

中国菜历史悠久，品种丰富，精美绝伦，举世闻名。其特点主要表现为：选料广泛，刀工精细，配菜巧妙，烹法多样，调味丰富，注意火候，造型美观，讲究盛器。

（1）山东菜系（鲁菜）

山东菜系由济南和胶东等地的地方菜发展而成。济南菜包括济南、德州、泰安一带的菜肴，精于制汤；胶东菜包括福山、青岛、烟台一带的菜肴，以烹制海鲜见长。

山东菜的特点是：选料精细，刀法细腻，味道清淡，突出鲜味，讲究吊汤，花色多样。其代表菜有清汤燕菜、奶汤鸡脯、红烧海螺、德州扒鸡、糖醋黄河鲤鱼、锅烧肘子、九转大肠等。

（2）江苏菜系（苏菜）

江苏菜系由扬州、南京、苏州等地的地方菜发展而成。扬州菜又称淮扬菜，是指扬州、镇江、淮安一带菜肴，以烹制江鲜、家禽见长；南京菜以制作鸭菜著名；苏州菜是指苏州、无锡一带的菜肴，擅长烹制河鲜和蔬菜。

江苏菜的特点是：选料严谨，制作精细，因材施艺，四季有别，讲究造型，味感清鲜，保持原汁，南北皆宜。其代表菜有煮干丝、三套鸭、水晶肴蹄、清炖蟹粉狮子头、叫花鸡、盐水鸭、金陵烤鸭、黄焖鳗鱼、松鼠鳜鱼等。

（3）四川菜系（川菜）

四川菜系以成都、重庆的菜为代表，各地又有特色。因四川是"天府之国"，故物产丰富，为川菜的发展提供了极为丰盛的物质基础。四川菜素以味多、味广、味厚著称，享有"一菜一格，百菜百味"之誉。

四川菜的特点是：选料严谨，刀工精细，烹调考究，注重调味，花色多样，地方色彩浓厚。其代表菜有宫保鸡丁、麻婆豆腐、回锅肉、水煮牛肉、樟茶鸭子、夫妻肺片、鱼香肉丝、水晶腰花、怪味鸡、香酥鸭、干烧鱼翅等。重庆火锅也享誉海内外。

（4）广东菜系（粤菜）

广东菜系由广州菜、潮州菜及东江菜发展而成。广州菜选料广，配料多，善变化，季节性强；潮州菜以烹制海鲜见长，精于制作汤菜；东江菜以肉禽、野味为主要原料，下油重，口味偏咸，但独具乡土风味。

广东菜的特点是：选料广泛，刀工精细，精工细作，花色繁多。其代表菜有烤乳猪、烧雁鹅、蚝油牛肉、冬瓜盅、烩蛇羹、龙虎斗、东江盐焗鸡、滑炒虾仁、咕咾肉、文昌鸡、梅菜扣肉等。

（5）浙江菜系（浙菜）

浙江菜系由杭州、宁波、绍兴3地的地方菜组成。杭州菜是浙菜的代表，以制作精细、富于变化著称；宁波菜擅长烹制海鲜，强调鲜咸合一，注重保持原味；绍兴菜以烹制河鲜家禽见长，极富乡土气息。此外，温州、台州等地区的海鲜类菜肴也有一定的特色。

浙江菜的特点是：讲究刀工，制作精细，应时而变，简朴实惠，富有乡土气息。其代表菜有西湖醋鱼、龙井虾仁、干炸响铃、东坡肉、油焖春笋、西湖莼菜汤、宋嫂鱼羹、咸菜大汤黄鱼、冰糖甲鱼、清汤越鸡、干菜蒸肉、荷叶粉蒸肉等。

（6）福建菜系（闽菜）

福建菜系由福州菜、厦门菜发展而成。福州菜擅烹肉禽原料，讲究吊汤；厦门菜以烹制海鲜原料闻名。

福建菜的特点是：制作细巧，讲究刀工，色调美观，调味清鲜。其代表菜有佛跳墙、太极明虾、干炸三肝花卷、淡糟炒鲜竹蛏、雪花鸡、福寿全、菊花鱿鱼球、鸡汤氽海蚌、小糟鸡丁、八宝龙珠等。

（7）安徽菜系（徽菜）

安徽菜系由皖南、沿江、沿淮3地的地方菜发展而成。皖南菜又称徽州菜，以烹制山珍野味著称，并善于保持原汁原味；沿江（长江）菜以烹调江鲜、家禽见长，善用糖调味；沿淮（淮河）菜以肉禽、河鲜为主要原料，咸中带辣，习惯用香菜佐味。

安徽菜的特点是：讲究刀工，口重色浓，烹调考究，朴素实惠。其代表菜有火腿炖甲鱼、清蒸石鸡、毛蜂熏鲥鱼、蜂窝豆腐、符离集烧鸡、无为熏鸭等。

（8）湖南菜系（湘菜）

湖南菜系由湘江流域、洞庭湖区、湘西山区3地的地方菜发展而成。湘江流域的菜以长沙、衡阳、湘潭为中心，是湘菜的主要代表；洞庭湖区以烹制河鲜和肉禽见长；湘西山区擅长制作山珍、熏肉、腊肉等，颇具山乡风味。

湖南菜的特点是：用料广泛，制作精细，咸辣香软，讲究实惠。其代表菜有麻辣仔鸡、霸王别姬、东安仔鸡、腊味合蒸、红煨鱼翅、金钱鱼、发丝百叶、冰糖湘莲等。

2）中式菜肴的基本烹调方法

所谓烹调方法是指把经过粗加工和切配成形的食品原料，通过烹制加工和调味处理，制成不同风味菜肴的操作方法。中式菜肴的烹调方法繁多，现将一些基本烹调方法简介如下：

（1）炒

炒是将原料投入小油锅，在中旺火上急速翻拌、调味成菜的一种烹调方法。适用于炒的原料，一般都是经过加工处理的丝、片、丁、条、球等。炒是使用最广泛的一种烹调方法，可分为生炒、干炒、清炒、滑炒、抓炒、爆炒、煸炒等，如滑炒虾仁等。

（2）熘

熘是用调制卤汁浇淋于用温油或热油炸熟的原料上，或将炸熟的原料投入卤汁中搅拌的一种烹调方法，可分为脆熘、滑熘、醋熘、糟熘、软熘等，如醋熘鱼块等。

（3）炸

炸是将原料投入旺火加热的大油锅中使之成熟的一种烹调方法，其要求是火力旺、用油多。部分菜肴要间炸两次以上。炸可分为干炸、清炸、软炸、酥炸、香炸、包炸等，如干炸响铃等。

（4）烹

烹是将小型原料经炸或煎至金黄色后，再用调味料急速拌炒的一种烹调方法，是由炸转变而来的烹调方法。烹可分为炸烹和清烹，如炸烹里脊丝等。

（5）爆

爆是将原料放入旺火、中等油量的油锅中炸熟后加调味汁翻炒而成的一种烹调方法。爆可分为酱爆、油爆、葱爆、盐爆等，如油爆大虾等。

（6）烩

烩是将多种小型原料在旺火上用鲜汤和调料制成半汤半菜的一种烹调方法。烩可分为红烩和白烩，以白烩居多，如五彩素烩等。

（7）氽

氽是沸水下料，加调料，在汤将开时撇净浮沫，用旺火速成的一种烹调方法。一般是汤多菜少，但口味清鲜脆嫩，如氽鱼圆等。

（8）烧

烧是将原料经炸、煎、水煮等加工成半成品，然后加适量汤水和调味品，用旺火烧开，用中小火烧透入味，再用旺火促使汤汁浓稠的一种烹调方法。烧可分为红烧、白烧、酱烧、干烧等，如红烧鱼等。

（9）煮

煮是将原料放入多量的清水或鲜汤中，先用旺火煮沸，再用中、小火烧熟的一种烹调方法。一般是汤菜各半，如煮干丝等。

（10）焖

焖是将原料经炸、煎、炒或水煮后加入清汤和调料用旺火烧开，再加盖用微火长时间加热成熟的一种烹调方法。焖菜比烧菜汁多。焖可分为红焖、黄焖、葱焖等，如板栗焖鸡块等。

（11）炖

炖是将原料放入开水中烫以去血污和腥味，加水或清汤及调料后用旺火烧开，再用小火长时间加热至酥烂的一种烹调方法，如清炖羊肉等。

（12）扒

扒是将原料经蒸或煮成半成品后整齐地放入锅中，加汤和调料，用旺火晓开，用中小火烧透入味，再用旺火勾芡的一种烹调方法。扒可分为红扒、白扒、奶油扒等，如扒鸡等。

（13）煎

煎是先将锅底烧热，放少量底油后用小火慢慢加热，使扁形的原料两面金黄的一种烹调方法。煎可分为干煎、煎烧、煎焖等，如清煎鱼片等。

（14）蒸

蒸是将经过调味的原料用蒸汽加热使之成熟或酥烂入味的一种烹调方法。这是一种使用较为普遍的烹调方法。蒸不仅用于烹制菜肴，还用于原料的初加工和菜肴的保温，如清蒸鳜鱼等。

（15）烤

烤是将经过调料腌渍的生料或半成品利用明火或烤炉（箱）使食品成熟的一种烹调方法。它可分明烤（用明火烤制）和暗烤（用烤炉或烤箱烤制），如烤鸭等。

（16）贴

贴是与煎颇为相似的一种烹调方法。两者的区别是贴只需煎一面至焦黄色即可。但在烹调过程中，往往需要加酒和水后加盖略焖使原料成熟，如锅贴虾饼等。

（17）煨

煨是将质地较老的原料，加入调味品和汤汁，用小火长时间加热使原料成熟的一种烹调方法。煨制菜肴的汤汁数量比烧、焖要多，加热时间也长些，如茄汁煨牛肉等。

（18）涮

涮是用火锅把水烧沸，把主料切成薄片，放入水内涮熟后，蘸上调料食用的一种由进餐者自烹自食的特殊烹调方法。一般多由食用者根据自己的口味掌握涮的时间并使用适口的调料，如涮羊肉等。

（19）卤

卤是将大块原料放入由多种调料调制好的卤汁中用小火慢慢煮熟至酥烂，然后移离火口，浸其入味的一种烹调方法。卤可分为红卤和白卤，如卤鸭等。

（20）拌

拌是将生料或水煮后晾凉的熟料切制成丝、片、条、块、丁等形状后用调料拌制的一种冷菜制作方法，如拌黄瓜等。

（21）腌

腌是将生料浸渍于某种调味汁中使其入味的一种制作方法。根据调料的不同，腌可分为盐腌、醉腌、糟腌等，如醉虾等。

（22）熏

熏是将无卤汁的经过炸、煮、蒸的熟料，放在红茶、竹叶、红糖等熏料漫燃时的浓烟中熏制而成的制作方法，如熏鱼等。

（23）酱

酱的制作方法与卤大致相似，是将经腌渍的原料放入酱汤锅内煮熟后收浓卤汁，使酱汁涂在成品表面的一种制作方法。酱制菜肴冷热均可食用，如酱牛肉等。

（24）挂霜

挂霜是将原料用油炸熟，再蘸上白糖或糖汁成菜的一种烹调方法，如挂霜花生等。

任务2.4 西餐厅服务

西餐厅服务是为适应宾客，特别是西方宾客的餐饮需求而提供的一种餐饮服务形式，其服务质量的高低直接影响着餐饮服务水平，也会影响企业的声誉。

2.4.1 西餐厅概述

1）西餐厅环境

西餐厅的布置要求典雅、宁静、舒适并独具风格，一般应以欧洲文化艺术为背景来设计餐厅主题。高级西餐厅一般只提供正餐。

西餐厅的色彩多以较深的暖色为基调，如咖啡色、褐色、赭红色等，以营造古朴稳重、宁静安逸的气氛。西餐厅的地毯、座椅、墙壁等要求色调和谐。

西餐厅的灯光应较暗淡、柔和，所有灯具的亮度均可调节，在开餐时（特别是晚餐）所有灯光都需调至绞暗，以餐桌上的烛光照明为主，以突出西餐厅浪漫、幽雅的就餐环境。

西餐厅的装饰要求较为豪华，餐酒用品既要高档又要专业化，如银质刀、叉、水晶酒杯、专用的客前烹制车、甜点车及精致的瓷器等。

西餐厅的菜单和酒单应印制得十分精致，通常使用皮革封面，菜点品种应有一定的特色。

西餐厅的服务员，特别是值台员、传菜员和吧台服务员（调酒师）以男性为主，着紧身西装，佩戴领结，服务时还要求在左臂上搭一块白色服务巾，以保护袖口，垫热盘以防烫手等。西餐厅服务人员应能用流利的英语服务，有些高级西餐厅，如扒房（Grill Room）还要求服务员能用法语提供服务。

图2.12 西餐厅

西餐厅的入口处或餐厅中央通常设置展示台，台面用水果、蔬菜、瓶酒、餐具、酒具等物品精心设计装饰而戎，以突出并渲染餐厅特色和主题。展示台上通常也摆放大型的"今日特色菜"（Today's Special）菜单以吸引客人的注意力。

2）西餐的主要特点

（1）选料精细

西餐选料特别精细，在原料质量和规格上都有严格要求。

（2）调料讲究

西餐所选用的调料十分讲究，除常用的盐、胡椒、酱酒、番茄酱、芥末、咖喱等调味品外，菜肴中还会添加香料，如桂皮、丁香、茴香、薄荷叶等，以增加菜肴香味。

（3）沙司单独制作

沙司（Sauce）是西式菜肴的调味汁。沙司与菜肴主料分开烹调是西餐的一大特点。常见的沙司有：

①冷沙司和冷调味汁。主要有：马乃司沙司（Mayonnaise Sauce）、千岛汁（Thousand Islands Dressing）、醋油汁（Oil Vinegar）、芥末沙司（Mustard Sauce）等。

②热沙司。主要有：布朗沙司（Brown Sauce）、苹果沙司（Apple Sauce）、咖喱沙司（Curry Sauce）等。

（4）注重菜肴生熟程度

西餐中的一些食草类动物的肉（如牛、羊肉）、禽类（如鸭）和海鲜一般烹制得较为鲜嫩，以保持其营养成分，有的甚至生食（如牡蛎）。烹制牛、羊肉时的生熟程度一般分为以下几种：

①一成熟（Rare，简写为R）。

②三成熟（Medium Rare，简写为MR）。

③五成熟（Medium，简写为M）。

④七成熟（Medium Well，简写为MW）。

⑤全熟（Well-done，简写为W）。

（5）搭配丰富、营养全面

图2.13　西餐

西式热菜在主料烹制好装盘后，还要在盘子边上或在另一盘子内配上少量加工成熟的蔬菜、米饭或面食，才能组成一道完整的菜肴。这样的搭配一方面可增加菜肴的美观程度，并使菜肴富有风味特色，另一方面可使菜肴的营养搭配更为合理，从而达到营养平衡的要求。

3）西餐服务方式

服务方式是指餐厅为客人提供菜点、酒水的方法和形式。由于国家、地区、民族、文化、饮食习惯等方面的不同，西餐有许多种服务方式。西餐厅常见的服务方式有以下几种：

（1）英式服务（British Service）

英式服务因与欧美家庭用餐方式类似，故又称"家庭式服务"（Family Style Service）。菜肴在厨房制作好并装入大餐盘端至餐厅，放在客人面前，若是大块烤肉，则应由服务员按人数切割好。先将热餐盘从右侧为每位客人放好，再端起菜盘（上放服务叉、匙），按先女后男、先宾后主的原则依次由客人从菜盆中用服务叉、匙自取食物。蔬菜和调料放在餐桌上由客人传递自取。

（2）法式服务（French Service）

法式服务因需使用客前烹制车（Gueridon）而又被称为"车式服务"（Gueridon Service）。法式服务需要两名服务员同时服务，即一名服务员，一名助手。服务员在接受点菜后将点菜单交给助手送至账台和厨房，然后将一辆小推车（客前烹制车）推至客人餐桌旁，准备好制作菜肴的相应设备和材料。助手从厨房将菜肴（有的已制作好，有的仅是半成品）和热餐盘端至小推车上，由服务员为客人现场完成菜肴的最后制作或切割菜肴，然后放入热餐盘中，由助手依次从客人右侧递给每位客人。这种服务方式因其豪华舒适和较强的表演性而闻名，但是对服务员的要求较高，不仅需要较多员工，而且服务速度缓慢，故只在四星级和五星级饭店的高级西餐厅中才提供这种服务。

图2.14 法式服务

（3）俄式服务（Russian Service）

俄式服务因需要使用大量的银制餐用具而被称为"银式服务"（Silver Service）。另外，因其服务周到但又相对简单而成为世界各国高级西餐厅的流行服务方式。所以，俄式服务又被称为"国际式服务"。其具体服务方法为：菜肴在厨房制作、装饰好后装在银制餐盘中，由服务员用大托盘将菜肴和加过温的热餐盘送入餐厅，放在工作台上。服务员先为客人依次送上热餐盘（从客人右侧，遵循先女后男，先客后主的原则按顺时针方向进行），然后左手托起大菜盘，右手持握服务叉、匙，从客人左侧，按逆时针方向依次（先女后男，先客后主）为每位客人分派菜肴。在分派前，一般应请客人欣赏菜肴，分派的同时报菜名，分派完毕后将剩菜送回厨房。

（4）美式服务（American Service）

美式服务因所有菜肴均在厨房分别装盘而被称为"盘子服务"（Plate Service）。其服务方法为：所有菜肴在厨房烹制后分别装盘并加以装饰，餐盘应事先烤热，主菜应加盖保温，由服务员端至餐厅从客人左边用左手依次端送给每位客人，菜肴上桌后再把保温盖撤走。一桌的客人如点了不同的菜肴，应按进餐程度先后分别端出送上。菜肴从左侧上，酒类饮料则从客人右侧斟倒。美式服务因其简单方便而常为咖啡厅所用。

（5）大陆式服务（Continental Service）

大陆式服务综合了英式、法式、俄式、美式服务方式，常用于西式宴会服务。在服务过程中，根据菜肴特点选择相应的服务方式。如头盆用美式服务，主菜用俄式服务，甜点用法式服务等，但应符合既方便客人就餐，又方便员工操作，也便于餐厅管理的原则。

2.4.2　西式早餐服务

西式早餐制作简单，但营养全面、合理，又受人重视。客人对早餐的基本要求是提供快捷、周到的服务。

1）早餐的种类和构成

西式早餐一般分为两大类，即美式早餐和大陆式早餐。早餐服务一般在咖啡厅中提供，也可在西餐厅中提供。

（a）　　　　　　　　　　　　　　（b）

图 2.15　西式早餐

（1）美式早餐（American Breakfast）

美式早餐由下述内容构成：

①果汁类。一般有橙汁（Orange Juice）、菠萝汁（Pineapple Juice）、番茄汁（Tomato Juice）、柠檬汁（Lemon Juice）、西柚汁（Grapefruit Juice）等，客人可任选一种。

②谷物类食品。一般有燕麦片（Oatmeal）和玉米片（Cornflakes）等，通常加水、牛奶煮成粥类食物。上桌时应搭配糖浆（Syrup）或蜂蜜（Honey）。

③蛋类。

A. 煎蛋（Fried Egg）。

B. 煮蛋（Boiled Egg）。

C. 炒蛋（Scrambled Egg）。

D. 水波蛋（Poached Egg）。

E. 蛋卷（Omelet）。

图 2.16　早餐服务

④肉类。一般有火腿（Ham）、香肠（Sausage）、培根（Bacon）3 种。

⑤面包。面包随黄油（Butter）和果酱（Jam）一起上桌。

⑥饮料类。早餐最常用的饮料是咖啡（Coffee）和红茶（Black Tea）。另外，还有牛奶（Milk）和可可（Cocoa）等。饮料在服务时应随上淡奶壶和糖缸。

（2）大陆式早餐（Continental Breakfast）

大陆式早餐又称欧陆式早餐，在欧洲大陆各国较为通行，它较美式早餐减少了蛋类，其他内容与美式早餐大致相同。

2）餐前准备

餐前准备工作中的许多内容与中餐大致相同，现将不同之处简述如下：

（1）准备物品

①摆台用具。

②服务用具。

③其他准备。

（2）摆台

按标准要求进行摆台。

3）整理检查

①整理并检查餐厅设备和环境卫生。

②检查桌椅布局，是否整齐有序。

③检查、清洗桌面用品，如盐、椒盅定期清洗，每日加满原料并擦净盅身等。

④整理并检查个人仪表仪容等。

4）早餐服务规程

（1）迎领服务

①微笑问候。

②安排就座。

（2）点菜服务

①待客人坐下后，值台员应迅速递上打开的菜单，首先询问客人喜欢喝什么果汁，并介绍当日新鲜水果。菜单应每位客人一份。

②记录客人所点内容，若客人点鸡蛋时应问清其想要的制作方法和老嫩程度，并在点菜单上注明。

③将点菜单迅速传送至厨房和账台。传递至厨房的点菜单应先由收款员签章。

（3）餐前服务

①从客人右侧铺餐巾。

②根据客人所点菜肴补充餐具。

（4）菜肴服务

①从客人右侧上果汁，果汁杯应放在刀尖上方约1厘米处。

②从客人左侧送上面包、黄油和果酱。

③依次从客人右侧送上谷物类食物、鸡蛋和肉类。

④咖啡、红茶等饮料应按客人吩咐随时送上（一般可在客人就座后即可倒好）。

（5）席间服务

①上菜速度要快。

②随时撤走用过的脏盘。

③按要求撤换烟灰缸。

④随时补充饮料。如按杯出售，则应征询客人意见。

⑤客人用餐基本完毕时，应征询客人是否还要添加。

⑥巡视服务区域，随时满足客人要求，搞好本区域的卫生。

（6）收款送客服务

收款送客服务与中餐点菜服务基本相同，如遇数位宾客同时进餐，应征询宾客的结账是分单还是合单，以适应西方宾客的消费习惯。

（7）清台整理

①客人离开后，应迅速将餐椅码放整齐并清理台面，同时检查有无客人的遗留物品，如有，应迅速追上交还或交上级处理。

②重新摆台，准备迎接下批客人。

2.4.3 西式正餐服务

西式正餐包括午餐和晚餐。其特点是：用餐内容复杂、服务技术要求高。按照传统习惯，英国人比较重视晚餐，而欧洲大陆国家则较重视午餐。但随着工作、生活节奏的加快，因为午餐时间较短而晚餐时间较为充裕，所以现在欧美国家普遍将晚餐作为正餐。

1）西式正餐的构成

正餐的构成内容如下：

（1）头盘（Appetizers）

头盘又称开胃菜，是指开餐的第一道菜。通常由水果、蔬菜、肉类、禽类或海鲜等制成。

（2）汤（Soup）

西餐的汤类富含鲜香物质和有机酸等，能刺激胃液的分泌，从而增加食欲，所以，汤在西餐中占有重要地位。汤可分为：

图 2.17　西式正餐服务

①清汤。

②奶油汤（浓汤）。

③茸汤。

（3）色拉（Salad）

①水果色拉。

②蔬菜色拉。

③荤菜色拉。

（4）主菜（Main Course）

①鱼类菜肴。

②肉类菜肴。

（5）甜点类（Dessert）

①奶酪（Cheese）。

②甜品（Sweets）。

2）餐前准备工作

（1）准备物品

①不锈钢餐具。

②瓷器类餐具。

③玻璃杯。

④服务用具。

⑤酒水。

（2）摆台

按标准要求摆台。

（3）餐前检查

图2.18 西餐宴会摆台

①检查西餐厅电器设备是否正常运行，完好无损。

②检查餐厅环境卫生、温度等是否符合规定要求。

③检查本服务区域内的餐桌、座椅、工作台等是否完好无损，清洁卫生。

④检查摆台是否符合规格，有无缺漏。盐、椒盅和牙签筒有无加满，外观是否清洁等。

⑤检查菜单、笔、托盘、开瓶器、开塞钻、备用餐具等是否齐全、充足。

⑥检查面包、黄油等是否已经备足。

⑦检查衣帽间的衣架、存衣牌等是否齐全、充足。

⑧检查个人仪表仪容是否符合饭店规定的要求。

3）西餐正餐服务规程

（1）迎领服务

①礼貌问候。

②询问预订。

③引入餐厅。

④拉椅让座。

⑤复位记录。

（2）餐前服务

①呈递菜单。

②铺餐巾。

③开胃酒服务。

④面包、黄油服务。

（3）点菜服务

①询问。

②介绍。

③记录。

④传送。

（4）点酒服务

酒单应在点菜以后及时送上。酒单无须每人一份，但应向全桌客人展示后呈递给准备点酒的客人。与点菜相同，值台员也应及时向客人介绍、推荐与所点菜肴相匹配的各种酒水。因为西餐中菜肴与酒水的搭配有一定的规律，所以要求值台员熟悉酒菜搭配知识，但应尊重客人的选择。西式菜肴与酒水的搭配规律一般为：

①头盘。食用头盘时一般选用干白葡萄酒，如食用鱼子酱，应配饮伏特加。

②汤。喝汤时一般不喝酒，如需要喝酒，则可配白葡萄酒或雪莉酒（Sherry）。

③鱼类。鱼类菜肴一般配饮干白葡萄酒或玫瑰葡萄酒（Rose Wine）。

④肉类。肉类菜肴一般与干红葡萄酒相配。

⑤奶酪。食用奶酪时，一般配以甜葡萄酒，也可以继续饮用配主菜的酒类。

⑥甜品。甜品一般可与甜葡萄酒或有汽葡萄酒（Sparkling Wine）相配。

⑦香槟。香槟可与任何菜肴相配。接受点酒时应按要求填写酒水订单，并询问客人上酒时间。

（5）酒水服务

①领取酒水。

②准备酒杯。

③葡萄酒服务。

（6）菜肴服务

①补充、调整餐具。

②菜肴服务。

（7）餐中服务

①斟酒服务。

②整理餐桌。

③补充面包、黄油。

④客前烹制服务。

图2.19　酒水

（8）其他服务工作

①撤换烟灰缸。

②餐后饮料服务。

③征询客人意见。

④收款送客服务。

西餐正餐的收款和送客服务与中餐厅服务大致相同。但应实现征询宾客是否需要分单结账。也有的西餐厅在结账后还给每位客人赠送一块餐厅自制的花式巧克力以示感谢。在送别客人时，应拉椅协助，并礼貌道别。若客人有衣帽寄存，应主动取递衣帽，并协助其穿戴。

（9）收台整理

收台整理工作与中餐厅服务相同。客人离开后，值台员应立即检查有无客人的遗留物品，并按正确的次序（与中餐同）收台，换上干净台布，重新摆台后，准备迎接下一批客人的到来或继续为其他客人服务。值得注意的是，收台、摆台等操作应尽量轻声，以免影响其他客人就餐，破坏西餐厅的宁静气氛。

2.4.4　西餐厅营业结束工作

1）迎领员

迎领员在礼貌送别最后一位就餐客人后，应准确统计出当餐或当日的就餐客人人数，做好记录，并搞好迎领区域的卫生。

2）值台员

值台员应与传菜员一道将所有脏的餐酒用品撤至洗碗间清洗、消毒，并及时补充餐酒用品，按规定进行下餐或次日的摆台，并按要求搞好餐厅的清洁卫生工作。

3）传菜员

传菜员除与值台员一起将脏的餐酒用品撤至洗碗间外，还应整理好备餐间，将多余调料及调味汁送至厨房，将消毒后的干净餐酒用品存入相应的橱柜，同时搞好备餐间的卫生。

4）酒水员(调酒师)

吧台酒水员或调酒师应及时统计出本餐或当日所售的各种酒水、香烟的数量，与收款员核对无误后填写酒水消耗日报表，并整理好库存酒水，搞好吧台内外的卫生。

5）收款员

收款员应认真计算当餐或当日的营业收入，按要求填写营业报表，并将现金收入和各种票据按正规渠道上交，办好有关手续。

总之，西餐厅的营业结束工作需各岗位服务员密切配合，通力合作，才能快速、有效、优质地完成。所有上述工作结束后，要等领班检查合格后，方能关闭除冰箱外的所有电器开关，关好门窗，然后更衣下班。

2.4.5　西餐菜肴知识

西餐是欧美各国菜肴的总称。

1）西餐的主要菜式

（1）法式菜

法国菜式选料广泛，用料新鲜，加工精细，烹调考究，滋味鲜美，花色繁多。法式名菜有法式洋葱汤、焗蜗牛、鹅肝冻、红酒山鸡、马赛鱼羹、巴黎龙虾、鸡肝牛排等。法国的各式奶酪也享誉世界。

（2）英式菜

英国菜式选料多样，口味清淡。

英式名菜主要有薯烩羊肉、烤羊马鞍、鸡丁色拉、烤大虾、冬至布丁等。

（3）美式菜

美式菜咸中带甜，喜用水果和蔬菜做原料来烹制菜肴。

美式名菜主要有蛤蜊浓汤、丁香火腿、圣诞火鸡、苹果色拉等。

（4）俄式菜

俄国菜式选料广泛，油大味浓，制作简单，简朴实惠。

俄式名菜主要有鱼子酱、罗宋汤、串烤羊肉、鱼肉包子、酸黄瓜等。

（5）意式菜

意大利菜式汁浓味厚，讲究原汁原味，喜用橄榄油、番茄酱，调味用酒较重。

意式名菜主要有铁扒干贝、红焖牛仔肘子、焗馄饨、通心粉蔬菜汤、三色比萨、肉馅春卷、肉末通心粉等。

（6）德式菜

德国菜式丰盛实惠，朴实无华。

德式名菜有酸菜咸猪脚、苹果烤鹅、鞑靼牛排等。

图2.20　法式菜

图2.21　德式菜

2）西餐的主要烹调方法

（1）煎

煎是西餐中使用最广泛的烹调方法之一。它是指将原料加工成形后加调料使之入味，再投入油量少（一般浸没一半原料）、油温较高（一般为七八成热）的油锅中加热成熟的一种烹调方法。煎可分为清煎、软煎等，如葡式煎鱼、煎小牛肉、意式煎醉猪排等。

（2）炸

炸是指将原料加工成形后调味，再对原料进行挂糊后投入油量多（一般应完全浸没原料）、油温高（七八成热）的油锅中加热成熟的一种烹调方法。炸可分为清炸、面包粉炸、面糊炸等，如炸鱼条、炸鸡腿、炸黄油鸡卷等。

（3）炒

炒是指将加工成丝、丁、片等的小型原料，投入油量少的油锅中急速翻拌，使原料在较短时间内成熟的一种烹调方法。在炒制过程中一般不加汤汁，所以炒制类菜肴具有脆嫩鲜香的特点，如俄式牛肉丝、炒猪肉丝、蘑菇沙司等。

（4）煮

煮是指将原料放入能充分浸没原料的清水或清汤中，用旺火烧沸，改用中小火煮熟

图 2.22　西餐烹调

原料的一种烹调方法。煮制类菜肴具有清淡爽口的特点，同时也保留了原料本身的鲜味和营养，如煮鱼鸡蛋沙司、煮牛胸蔬菜、柏林式煮猪肉酸白菜等。

（5）焖

焖是指将原料初步热加工（一般为过油和着色）后放入焖锅，加入少量沸水或沸汤（一般浸没原料的 1/2 或 2/3）用微火长时间加热使原料成熟的一种烹调方法。焖制成熟的菜肴所剩汤汁较少，所以具有酥软香乳、滋味醇厚的特点，如干果焖羊肉、意式焖牛肉、乡村式焖松鸡、苹果焖猪排等。

（6）烩

烩是指将原料经初步热加工（过油着色或氽制）后加入浓汤汁（沙司）和调料，用先旺后小的火力使原料成熟的一种烹调方法。烩制类菜肴用料广泛（肉、禽、海鲜、蔬菜均可），具有口味浓郁、色泽艳丽的特点，如蜜桃烩鸡、薯烩羊肉、辣根烩牛舌、咖喱鸡等。

（7）烤

烤是指将原料初步加工成形后，加调味品腌渍使之入味，再放入烤炉或烤箱加热至规定火候并上色的一种烹调方法。烤制类菜肴丧失水分较多，对营养素有较大的破坏，但火力均匀，有一定的特殊风味，如烤火鸡、烤牛外脊、橙汁烤鸭、比萨饼等。

（8）焗

焗是指将各种经初步加工基本成熟的原料，放入耐热容器内，加调味沙司后放入烤箱或焗炉加热的一种烹调方法。焗制类菜肴因带有沙司，所以具有质地鲜嫩、口味浓郁的特点，如焗蜗牛、焗小牛肉卷、焗羊排、丁香焗火腿、海鲜焗通心粉等。

（9）铁扒

铁扒是指将加工成形（一般应为片状）的原料加调料腌渍后放在扒炉上加热至规定的成熟度的一种烹调方法。扒制类菜肴宜选用质地鲜嫩的原料，具有香味明显、汁多鲜嫩的特点，如西冷牛排、铁扒里脊、铁扒比目鱼等。

（10）串烧

串烧是将加工成片、块、段状的原料加调料腌渍入味后，用金属钎串起来放在敞开式炭火炉上直接把原料烤炙成熟的一种烹调方法。串烧类菜肴具有外焦里嫩、色泽红褐、香味独特的特点，如羊肉串、杂肉串、牛里脊串、海鲜串等。

任务2.5　自助餐服务

自助餐是指客人支付规定数量的钱款（或签单）后，从餐厅预先布置好的餐台上自己动手任意选择喜爱的菜点，然后在餐桌上享用菜点的一种用餐形式。

图2.23　自助餐

2.5.1　自助餐的特点

1）菜点丰富，价格合理

客人支付规定数量的钱后即可品尝到品种繁多的菜肴、点心，且不限取食次数，所以客人用餐较为自由。

2）进餐速度较快

客人付钱进入餐厅后，无须点菜和等候，即可取食菜点，这种方式较适合现代社会快节奏的生活，同时也可以提高餐厅的座位利用率。

3）人力费用较低

因为客人是自取菜点，服务员仅需提供简单的服务，如酒水服务、整理餐桌、补充菜点和餐具等，这样可使餐饮企业节省人力资源，降低费用。

2.5.2　自助餐的餐前准备工作

1）餐台设计

自助餐台，又称菜点陈列台，通常设在餐厅靠墙的一侧，也可放在餐厅的中央或一角。

餐台的台形与冷餐酒会的台形相似，一般以一字形长台居多，也可以是方形或圆形台。如果餐厅的客流量较大，可由一个主台和几个小台组成；若仅有一个主台，也应进行分区设计，如自助早餐可分为饮料区、菜区、热点区、甜点水果区等。自助正餐可分为饮料区、冷菜（头盆）区、热菜区、汤类点心区等。

2）餐桌摆台

首先应准备摆台的相应餐、用具，主要是台布、汤匙、餐刀、餐叉、筷子、餐巾及餐巾纸和酱醋壶、盐椒盅、牙签筒、花瓶、烟灰缸等。自助餐摆台通常采用西餐零点摆台方式，但可不放纸垫式菜单（早餐）和展示盘（正餐）。餐巾花（盘花）放在餐位正中。餐巾纸叠成三角形插入水杯摆放在餐桌中央。若饭店客源以内宾为主，也可采用中餐零点摆台方式，但应备好西餐餐具以满足客人需要。花瓶、酱醋壶、盐椒盅、牙签筒和烟灰缸等按中（或西）餐摆台要求摆放。

图 2.24　自助餐

3）餐台陈列

开餐前应将所有菜点、饮料及餐盘等餐具陈列在餐台上。

①餐台服务员应用鲜花、黄油雕等装饰餐台。

②餐盘等餐具应整齐地陈列在距餐厅门口最近的餐台一侧，以便客人取用。

③饮料区应备好果汁、咖啡、茶等，注意供应温度，该冰的应冰、该热的应热，并备好杯具，整齐地排列在餐台上。

④热菜上台后应点燃固体酒精，使保温炉内的水处于沸腾状态，始终保持热菜的温度。

⑤取食菜点的服务叉匙或点心夹应统一放在菜点盘中或放在菜点盘旁边的餐碟中。

⑥自助早餐的煎煮台（区）应备足原料，餐碟等应整齐地放在餐台上备用，同时备好所需调料。

4）检查

餐前准备工作做好后，应仔细检查有无疏漏或不妥之处，如有发现应及时纠正，最后整理自己的仪容仪表，在规定的位置上站立恭迎客人的到来。

2.5.3 自助餐服务规程

图 2.25　自助餐迎领服务

1）迎领服务

①客人前来自助餐厅，应说："您好，欢迎光临！"

②如果住店客人可享用免费自助早餐，则应请客人出示饭店欢迎卡（应在卡上做记录）或收取免费早餐券。

③如果住店客人无免费早餐，或是非住店客人，或是自助正餐，则应问清人数后礼貌地请客人去账台付款（或签单）。

④如果是团队客人，则应与旅行团的导游（或领队）或会议主办单位的联络人一起统计客人人数。

⑤礼貌示意客人进入餐厅。

⑥统计客人人数并做记录，如有早餐券则应交给账台。

⑦客人就餐完毕离开餐厅时应礼貌道别。

⑧视需要接挂客人衣帽。

2）餐台服务

①主动为客人斟倒饮料、递送餐盘等餐具，并热情地为客人介绍菜点。

②注意整理菜点，使之保持丰盛、整洁、美观，必要时帮助客人取用菜点。

③及时更换或清洁叉、匙和点心夹，并随时补充餐盘等餐具。

④如果某些菜点消费速度较快，应通过传菜员及时通知厨房补充菜点。

⑤随时做好热菜点的保温工作，并及时回答客人提出的有关菜点的问题。

⑥如有火鸡或大块烤肉等菜肴，餐台服务员或值台厨师应为客人切割并分派至客人的餐盘中，并根据需要分派沙司。

3）传菜服务

①及时补充菜点、餐具。

②做好餐厅与厨房的联络、协调工作。

③及时撤走客人用过的脏餐具至洗碗间。

4）餐桌服务

①及时为客人拉椅让座。待客人坐下后，按点菜餐厅要求推销、服务酒水。

②当客人离座取菜时，及时撤走客人用过的脏餐具，并叠好餐巾放在餐位右侧。

③及时补充餐巾纸、调料等，按要求撤换超过两个烟头的烟灰缸。

④根据客人需要，迅速为客人取送煎煮食品或其他菜点。

⑤及时为不习惯或不方便自取食物的客人取送菜点、饮料。

⑥巡视餐厅各处，随时保持餐厅卫生，并随时准备为客人提供服务。

⑦客人用餐结束后，及时、准确地为客人进行酒水的结账工作，收款（或签单）道谢后主动向客人告别，并迅速清理台面，重新摆台，以便后来的客人用餐。

2.5.4　自助餐营业结束工作

自助餐营业结束工作与中、西餐零点营业结束工作基本相同，其不同之处在于：
①将多余的菜点撤至厨房处理。
②做好自助餐台、保温设备等的卫生。
③如台布有污渍或破损，应及时更换。

任务2.6　餐饮服务质量管理

餐饮服务质量是餐饮企业生存与发展的基础，餐饮企业之间的竞争，归根结底是服务质量的竞争。因此，不断提高服务质量，以质量求效益是每一家餐饮企业发展的必经之路。而随着餐饮业竞争的日趋激烈，宾客对餐饮服务质量的要求越来越高，餐饮企业必须不断探索、提高和完善自身服务质量的途径和方法，以取得良好的经济效益和社会效益。

图2.26　餐饮服务质量

2.6.1　餐饮服务质量的含义

1）服务的概念
服务是一方能够向另一方提供的任何一项活动或利益。

2）质量的含义
国际标准化组织（ISO）对质量的解释是反映产品或服务满足明确和隐含需要的能力的特性总和。

3）餐饮服务质量的含义
餐饮服务质量是指餐饮企业以其所拥有的设施设备为依托，为宾客所提供的服务在使用价值上适合和满足宾客物质和心理需要的程度。

2.6.2　餐饮服务质量的内容

1）餐饮设施设备质量
①客用设施设备。
②供应用设施设备。

2）餐饮实物产品质量

①菜点、酒水质量。

②客用品质量。

③服务用品质量。

3）服务环境质量

服务环境质量是指餐饮设施的服务气氛给宾客带来感官上的享受和心理上的满足感。它主要包括独具特色的餐厅建筑和装潢，布局合理且便于到达的餐饮服务设施和服务场所，充满情趣并富于特色的装饰风格，以及洁净无尘、温度适宜的餐饮环境和仪表仪容端庄大方的餐饮服务人员。所有这些构成了餐饮特有的环境氛围。它在满足宾客物质方面需求的同时，又可以满足其精神方面的需求。

4）劳务服务质量

①礼貌礼节。

②职业道德。

③服务态度。

④服务技能。

⑤服务效率。

5）安全卫生质量

①安全。

②卫生。

2.6.3　餐饮服务质量的特点

①餐饮服务质量构成的综合性。

②餐饮服务质量评价的主观性。

③餐饮服务质量显现的短暂性。

④餐饮服务质量内容的关联性。

⑤餐饮服务质量对员工素质的依赖性。

⑥餐饮服务质量的情感性。

图 2.27　餐饮服务质量

2.6.4　服务质量管理

1）服务质量管理的含义

服务质量管理是指餐饮管理者以最低的成本，预防服务质量问题的发生。如果发生了服务质量问题，则要迅速采取纠正措施和预防再次发生类似问题。

2）餐饮服务质量管理的方法

要解决服务质量问题，首先必须发现并分析问题。进行餐饮服务质量分析，可以帮助餐饮管理者找出存在的质量问题及其产生原因，从而找到有针对性的解决问题的措施和方法，以保证同类的质量问题不再出现。

（1）质量问题分析

质量问题分析是指通过计算服务质量信息中有关数据的构成比例，以表示企业目前存在的质量问题。其具体分析如下：

①收集质量问题信息。

②信息的汇总、分类和计算。

③找出主要问题。

（2）质量问题原因分析

①找出现存的质量问题。

②讨论分析找出产生问题的各种原因。应从大到小，从粗到细，追根究源，直到能采取具体措施为止。

③罗列找到的各种原因，并找出主要原因。

④针对主要原因提出解决问题的方法和措施。

（3）PDCA 管理循环

PDCA 即计划（Plan）、实施（Do）、检查（Check）、处理（Action）的英文简称。PDCA 管理循环是指按计划、实施、检查、处理这 4 个阶段进行的管理工作，并不断进行下去的一种科学管理方法。PDCA 循环转动的过程，就是质量管理活动开展和提高的过程。

PDCA 管理循环的工作程序分 4 个阶段：

①计划阶段（P）。

②实施阶段（D）。

③检查阶段（C）。

④处理阶段（A）。

2.6.5 服务质量控制

①事前质量控制。

②事中质量控制。

③事后质量控制。

小 结

1.餐厅是为客人提供菜肴及其服务的场所。

2.餐厅布置直接影响客人的第一印象，因此，必须注意店面、通道、空调、音响等方面的设计布置。

3.中餐厅的餐前准备工作内容包括整理餐厅、准备所需物品、摆台、了解客源和菜单情况等内容。

4. 中餐厅服务的主要环节有迎领服务、餐前服务、点菜服务、酒水服务、菜肴服务、餐中服务、结账服务、送客服务和收台服务等。

5. 西餐服务的方式主要有英式、法式、俄式、美式等。

6. 西式早餐的构成内容有果汁、鸡蛋、面包、肉类及咖啡等；西式正餐的内容有头盘、汤、色拉、主菜、甜品等。

7. 西餐厅服务的主要环节有迎领服务、点菜服务、餐前服务、菜肴服务、席间服务、收款送客服务、清台整理等。

8. 自助餐服务包括迎领服务、餐台服务、传菜服务、餐桌服务等环节。

9. 餐饮服务质量是指餐饮企业以其所拥有的设施设备为依托，为宾客所提供的服务在使用价值上适合和满足宾客物质和心理需要的程度，包括有形产品质量和无形产品质量两大方面。

10. 餐饮服务质量具有构成的综合性、评价的主观性、显现的短暂性、内容的关联性、对员工素质的依赖性等特点。

11. 餐饮服务质量分析包括分析存在的问题、产生问题的原因、解决问题的方法等内容；而餐饮服务质量控制分为事前质量控制、事中质量控制和事后质量控制。

思考题

1. 什么是餐厅及餐厅服务？

2. 餐厅布置包含哪些内容？有哪些具体要求？

3. 中餐厅的餐前准备工作有哪些要求？

4. 分组练习中餐厅的服务程序。

5. 掌握中式菜点知识。

6. 西餐有哪些特点？西餐服务有哪些方式？

7. 分组练习西餐厅的服务程序。

8. 掌握西式菜点知识。

9. 自助餐的餐前准备工作包括哪些内容？

10. 分组练习自助餐服务程序。

11. 餐饮服务质量的含义是什么？包括哪些内容？

12. 餐饮服务质量有哪些特点？

13. 如何分析并控制餐饮服务质量？

14. 确定200人的中餐宴会需要多少员工并进行明确分工。

项目 **3**

宴会管理

任务3.1　宴会概述

宴会是在普通用餐的基础上发展而成的一种高级用餐形式，是指宾、主之间为了表示欢迎、祝贺、答谢、喜庆等目的而举行的一种隆重、正式的餐饮活动。

3.1.1　宴会的特点

①规模和规格预先确定。

②菜点、酒水的种类数量预先确定。

③用餐标准预先确定。

④对服务要求高，强调细致周到，讲究礼貌礼节。

图 3.1　宴会大厅

⑤对环境布置要求较高，强调隆重热烈，讲究气氛渲染。

3.1.2　宴会的种类与内容形式

1）宴会的种类

根据不同的分类方式，将宴会分为以下几类：

（1）按内容和形式分类

宴会按内容和形式的不同可以分为中餐宴会、西餐宴会、冷餐酒会、鸡尾酒会、茶话会等。

（2）按进餐标准和服务水平分类

宴会按进餐标准和服务水平的高低可以分为高档宴会、中档宴会、一般（普通）宴会等。

（3）按进餐形式分类

宴会按进餐形式的不同可以分为立餐宴会、坐餐宴会、坐餐和立餐混合式宴会等。

（4）按礼仪分类

宴会按礼仪的不同可以分为欢迎宴会、答谢宴会、告别宴会等。

（5）按主办人身份分类

宴会按主办人身份的不同可以分为国宴、正式宴会、非正式宴会（便宴）、家庭宴会等。

（6）按规模分类

宴会按其规模大小（出席者的人数多少）可以分为大型宴会（200人以上）、中型宴会（100～200人）、小型宴会（100人以下）等。

（7）按菜肴特点分类

宴会按菜肴特点的不同可以分为海鲜宴、燕窝宴、野味宴、全羊席、满汉全席、火锅宴、饺子宴、素席等。

2）宴会的内容形式

宴会的种类不同，其内容和形式也各不相同。

（1）国宴

国宴是一个国家的国家元首或政府首脑为国家的庆典（如国庆），或为欢迎来访的外国元首、政府首脑，或是来访的外国元首（政府首脑）为答谢东道国政府而举办的一种正式宴会，是规格最高的一种宴会形式。

（2）中餐宴会

中餐宴会是按中国传统举办的一种宴会形式。中餐宴会根据中国的饮食习惯，吃中国菜点，喝中国酒水，用中国餐具。菜点品种和数量根据进餐标准的高低而不同。

（3）西餐宴会

西餐宴会是按西方传统举办的一种宴会形式。西餐宴会根据西方的饮食习惯，吃西式菜点，喝外国酒水，根据菜点的不同使用多套餐具，讲究菜点与酒水的搭配。

（4）冷餐酒会

冷餐酒会是按自助餐的进餐方式而举办的一种宴会形式。冷餐酒会的菜点以冷菜为主，也有部分热菜，且既有西菜西点，又有中菜中点，客人可根据其饮食爱好自由取食。酒水通常放在吧台上由客人自取，或由酒水员托送。这种宴会形式因其灵活方便而常为政府部门、企业所采用，如欢迎会、庆祝会、开业或周年庆典、新闻发布会时所采用。

（5）鸡尾酒会

鸡尾酒会是欧美社会传统的聚会交往的一种宴会形式。鸡尾酒会以供应酒水（特别是鸡尾酒和混合饮料）为主，配以适量的佐酒小吃，如三明治、果仁、肉卷等。鸡尾酒会可以在一天中的任何时候单独举办，也可以在正式宴会前举办（作为宴会的一部分）。

图 3.2 宴会

3.1.3 宴会预订

宴会预订是一项具有较强专业性而又有较大灵活性的工作。

1）宴会预订方式

（1）直接预订（面谈预订）

直接预订是宴会预订较为有效、实用的方式。在宴会规模较大、宴会出席者的身份较高或宴会标准较高的情况下，宴会举办单位或个人一般都要求当面洽谈，直接预订。饭店宴会销售员或预订员应根据客人要求详细介绍宴会场地和所有细节安排，如厅堂布置、菜单设计、席位安排、服务要求等，应尽量满足客人提出的各项要求，并商洽付款方式、填写宴会预订单、记录预订者的联系地址、电话号码等，以便日后用信函或电话等方式与客人联络。

（2）电话预订

电话预订是另一种较为有效的宴会预订方式，常用于小型宴会的预订、查询饭店宴会资料、核实宴会细节等，在饭店的常客中尤为多见。此外，大型宴会面谈、宴会的落实或某些事项的更改等通常也是通过电话来传递相关信息的。与直接预订相同，预订员应在电话中向客人介绍、推销餐饮产品，落实有关细节，填写宴会预订单等。

除上述两种主要的宴会预订方式外，客人还可以通过信函、传真等方式来进行宴会预订，饭店应想方设法与客户联络，尽力扩大宴会销售业务，努力提高宴会设施利用率，从而为饭店创造良好的社会效益和经济效益。

图 3.3　宴会

2）宴会预订程序

（1）接受预订

①热情迎接。

②仔细倾听。

③认真记录。

A. 宴会的类型，是中餐宴会，还是西餐宴会，或是冷餐酒会。

B. 宴会的举办日期和时间。

C. 宴会的出席人数（包括最低保证人数）和餐桌数。

D. 宴会的名称、性质和客人身份等。

E. 宴会的举办单位或个人、联络人、联络地址和电话号码等。

F. 计划安排的宴会厅名称、厅堂布置和台形设计。

G. 菜单的主要内容、酒水的种类和数量。

H. 收费标准和付款方式。

I. 宴会的其他要求，如休息室、请柬、席位卡、致辞台等。

J. 接受预订的日期和预订员的签名等。

K. 宴会预订单填写好以后，应向客人复述，并请预订客人确认后签名。

④礼貌道别。

（2）宴会预订的落实

①填写宴会活动记录簿。

②签订宴会合同。

③收取订金。

④建立宴会预订档案。

⑤宴会预订的更改或取消。

任务3.2　宴会服务与管理

3.2.1　宴前的组织准备工作

1）掌握宴会情况

（1）宴会的基本情况

①宴会的时间和地点。

②宴会的人数和桌数及宾主身份、姓名等。

③宴会厅布置要求。

④宴会标准及付款方式。

⑤菜点、酒水情况。

⑥服务人员的分工。

⑦客人的特殊要求和禁忌。

⑧宴会举办者的其他要求等。

（2）菜单情况

①菜点名称和出菜顺序。

②菜点的原料构成和制作方法。

③菜点所跟调配料及服务方法。

④菜点的口味特点和典故传说等。

（3）服务要求

①摆台及台面布置要求。

②迎领服务要求。

③酒水服务要求。

④菜肴服务要求。

⑤撤换餐具、用具要求。

⑥结账送客要求。

⑦主桌服务要求等。

2）宴会厅布置

①休息室的布置。

②宴会厅的布置。

图3.4　宴会服务

A.根据宴会的目的、性质和举办者的要求，在厅堂的上方悬挂会标，如"庆祝××公司成立""欢迎××代表团"等。

B.在宴会厅四周摆放盆景花草，以突出或渲染宴会隆重而热烈的气氛。

C.如是国宴，应悬挂两国国旗。

D.如是一般的婚宴或寿宴等，则在宴会厅的醒目位置（一般是主桌后的墙壁上）挂上"喜"字或"寿"字，也可根据客人要求挂贴对联等。

E.如举办者要求，应在主桌右后侧设置致辞台，台面铺台布，台侧围桌裙，台面用盆景、鲜花装饰，上面放两个麦克风，以便宾主致辞。

F.宴会厅的温度、湿度应控制在规定的范围内，大型宴会更应注意，以防人多、菜热引起室温的升高。

G.宴会中若安排了乐队伴奏或文艺演出，有舞台的要利用舞台，没有舞台的应设计并布置出乐队或演出需占用的场地。

3）台形设计

宴会的台形设计应根据宴会的桌数、宴会厅的面积和形状以及举办者的要求灵活进行，但应遵循以下原则：

①突出主桌。

②统一规格。

③布局合理。

4）席位安排

席位安排是指根据宾、主的身份和地位来安排每位客人的座位。在进行席位安排时，必须与宴会举办者联络，了解其要求，并遵循"高近低远"的原则。高近低远中的高低是指客人的身份和地位，而近远则是指客人与正、副主人（或主桌）的距离。

5）物品准备

①瓷器。

②玻璃杯。

③金属餐具。

④棉织品。

⑤用具。

⑥其他。

6）摆台

按标准要求摆台。

图 3.5　物品准备

7）准备酒类饮料

宴会所需的酒类饮料必须事先从仓库领出，清洁瓶（罐）身或外包装。饮料应事先冰镇。在开宴前半小时左右，值台员应擦净瓶（罐）身，将酒水整齐地码放在工作台上，并将开瓶器具也备好放在旁边。此外，香烟、茶水也应备好。同时，还应准备宴会所需的汁、酱等调料。

8）摆放冷菜

①荤素搭配合理。

②色调分布美观。

③刀口逆顺一致。

④盘间距离均匀。

⑤最好的冷菜摆放在主位前。

⑥多桌宴会时各桌的冷菜摆放应统一。

⑦应使用干净并消毒过的托盘摆放冷菜，不可用手直接拿取，且注意不要破坏冷菜的艺术造型。

⑧宴会如使用转台，应将冷菜摆放在转台上。

⑨宴会冷菜如采用分餐制，则应将冷菜直接摆放在每个餐位的装饰盘上，但要注意造型朝向一致。

9）宴前检查

①桌面餐用具的检查。

②卫生检查。

③设备检查。

④安全检查。

3.2.2 中餐宴会服务规程

1）迎领服务

①热情迎宾。

②接挂衣帽。

③休息室服务。

④拉椅让座。

2）餐前服务

①铺餐巾。

②撤筷套。

③撤插花、桌号牌。

图 3.6 宴前检查

3）斟酒服务

①大中型宴会应在宴前 10 分钟左右斟好预备酒，一般是将葡萄酒杯斟至五分满，白酒杯斟至八分满。小型宴会可在宴会开始后斟倒。

②斟酒时先斟葡萄酒或黄酒，再斟烈性酒，最后斟倒啤酒及软饮料。

③斟酒顺序为从主宾开始按顺时针方向进行。

④斟酒时应从客人右侧进行，站立姿势与持瓶方法与中餐散客服务相同。

⑤斟酒时应使用托盘，将宴会所用酒水整齐地摆放在托盘中，商标朝向外侧，先请客人选择酒水品种，再将托盘移至椅背外，持握客人所选定酒水进行斟倒。一般的做法是：葡萄酒、黄酒或白酒可持瓶斟满，啤酒和软饮料需托盘斟酒。

⑥如客人不喝其种酒水，则应及时撤走相应的酒杯。

⑦如客人需用冰块，则立将冰块及冰决夹及时提供给客人。

⑧主人至各桌敬酒时，主桌值台员应托送酒水跟从，以便及时斟酒。

4）上菜服务

严格按照要求上菜。

图 3.7 席间服务

5）分菜服务

在用餐标准较高或是客人身份较高的宴会上，每道菜肴均需分派给客人。一般宴会视情况分菜。

6）席间服务

①撤换餐碟。

②毛巾服务。

③酒水服务。

④桌面整理。

⑤洗手盅服务。

⑥撤换烟灰缸。

7）结账服务

①汇总账单。

②结账服务。

8）送客服务

①拉椅送客。

②取递衣帽。

9）结束工作

①检查。

②收台。

③清理宴会厅。

10）注意事项

①宴会服务过程中，如遇宾、主致辞讲话，值台员应暂停操作，肃立等候。

②就餐过程中，如遇客人起身离席，应主动拉椅，并将客人餐巾叠好放在餐位旁。

③宴会服务时应注意"三轻"，即说话轻、走路轻、操作轻，保证宴会有条不紊地进行。

④各岗位服务员之间应分工协作，配合默契，确保宴会的顺利进行。

⑤宴会进行过程中，如有客人不慎将餐具掉落在地上，值台员应及时送上干净餐具，然后收拾掉在地上的餐具。

⑥宴会结束后应及时征询客人对宴会的意见和建议，并对宴会服务情况进行总结，提出做得较好的方面，找出不够完善的地方，向上级汇报。

3.2.3　西餐宴会服务

1）宴前准备

（1）掌握宴会情况

宴会前，各岗位服务员应详细了解宴会的人数、标准、台形设计、宾主身份、举办单位或个人、付款方式、特殊要求、菜单内容和服务要求等，具体内容与中餐宴会服务大致相同。

（2）宴会厅布置

①休息室布置。

②宴会厅布置。

（3）台形设计

①"一"字形长台。

②"U"字形台。

③"E"字形台。

④正方形台。

（4）席位安排

西餐宴会的席位安排也应遵循"高近低远"的原则。主人大都坐在餐台中央，主宾在主人右侧，他们面对其他来宾而坐，其他来宾距主人越近，则表示其身份地位越高。

（5）准备餐酒用具

①不锈钢类。

②瓷器类。

③杯具。

④棉织品类。

⑤用具类。

（6）摆台

按西餐宴会标准要求摆台。

图3.8 摆台

（7）准备酒类饮料

一般应在休息室或宴会厅一侧设置吧台（或固定或临时）。吧台内备齐本次宴会所需的各种酒类饮料和调酒用具，并根据酒水的供应温度提前降温，并备好酒篮、冰桶、开瓶器、开塞钻等用具。吧台应有调酒师在岗，以便为客人调制鸡尾酒。

（8）面包、黄油服务

在宴会开始5分钟后，将面包、黄油摆放在客人的面包盘和黄油碟内，所有客人的面包、黄油种类和数量都应该是一致的。同时，为客人斟好冰水或矿泉水。单桌或小型宴会可在客人入席后进行此项服务。

（9）宴前检查

宴前检查的内容和方法与中餐宴会相同。

2）西餐宴会服务规程

①迎领服务。

②鸡尾酒服务。

③拉椅让座。

④上头盘。

⑤上汤。

⑥上鱼类菜肴（副菜）。

⑦上肉类菜肴（主菜）。

A.从客人右侧撤下装饰盘，摆上餐盘。

B.值台员托着菜盘从左侧为客人分派主菜和蔬菜，菜肴的主要部分应靠近客人，蔬菜靠近桌心。

C.另一名值台员随后从客人左侧为客人分派沙司。

D. 如配有色拉，也应从左侧为客人依次送上。

⑧上甜点。

⑨上水果。

⑩饮料服务。

⑪送客服务。

⑫结束工作。

3）注意事项

①服务过程中，应遵循先宾后主、女士优先的服务原则。

②在上每一道菜之前，应先撤去上一道菜肴的餐具，斟好相应的酒水，再上菜。

③如餐桌上的餐具已用完，应先摆好相应的餐用具，再上菜。

④在撤餐具时，动作要轻稳。西餐撤盘一般是徒手操作，所以一次不应拿得太多，以免失手摔破。

⑤宴会厅全场撤盘、上菜应一致，多桌时以主桌为准。其他注意事项与中餐宴会服务基本相同。

3.2.4 冷餐酒会服务

冷餐酒会（Buffet Party）是目前饭店中较为流行的一种宴会形式，因其气氛热烈、交流广泛、进餐自由而深受客人喜爱。

1）冷餐酒会的进餐形式

①立式冷餐酒会。

②坐式冷餐酒会。

③混合式冷餐酒会。

2）冷餐酒会的准备工作

（1）餐台设计

冷餐酒会主要是由客人从陈列好的餐台上自取食物，所以餐台的设计非常重要。

餐台设计应根据客人人数及宴会厅的面积与形状灵活而定，一般有正方形、圆形、"一"字形、"T"形等多种形式。人数多的冷餐酒会应分设冷菜台、热菜台、甜点台等，既方便客人取食，又可以使客人分流。

（2）吧台设计

冷餐酒会必须设置吧台，吧台数量应视客人人数而定，一般是每100位客人设置一个吧台。吧台位置一般在宴会厅靠门口的一侧。

（3）致辞台和签到台

致辞台一般设在靠墙边的中央位置，以便能环视整个宴会厅，设置要求与宴会相同。

签到台一般设在宴会厅门外一侧，应根据主办单位要求备好签到簿和笔。

（4）准备餐用具

主要有餐盘、餐刀、餐叉、汤匙、面色盘、黄油刀、甜品叉、甜品勺、筷子、餐巾、托盘、盐盅、胡椒盅、牙签筒等。

（5）餐桌椅的准备

略。

（6）陈列菜点

冷餐酒会开始前，传菜员与餐台服务员应将大部分菜点分类在餐台上陈列完毕。部分主菜和热菜可以在客人进入宴会厅后再摆上。应注意热菜、汤等的保温。酒会菜点一般较为丰盛，既有中菜中点，又有西菜西点。

同时，应将餐盘、刀叉、汤匙、筷子等餐具陈列在餐台上（数量应比来宾人数略多）。另外，取菜用的服务叉、匙等也应放好，以便客人取食。

（7）斟倒酒水

吧台调酒师应在酒会前 10 分钟斟倒好酒水，数量应比来宾人数略多，以便客人进入宴会厅后能每人有一杯酒水，斟好的酒水应成方形整齐地分类排列在吧台上。

（8）其他准备

做好衣帽间准备，打开所有灯光，播放背景音乐，调试好麦克风，控制好宴会厅室温，检查个人仪表仪容等，并各就各位、面带微笑、精神饱满地恭候客人的到来。

3）冷餐酒会的服务规程

（1）迎领员

①客人来到宴会厅门口，应主动上前热情欢迎并礼貌问候。

②礼貌地请客人签到，必要时查验请柬或入场券。

③以手示意请客人进入宴会厅。

④统计、记录客人人数，并及时通知厨房和账台。

⑤酒会结束时与客人礼貌道别。

⑥如有需要，接挂衣帽。

图 3.9 迎领员

（2）吧台调酒师

①在酒会开始前倒好第一轮酒水。因为酒会刚开始的 10 分钟，所有参加酒会的客人都会取用酒水，所以调酒师应将斟好的酒水迅速递送给客人和酒水服务员。

②酒会开始 10 分钟后应及时按客人人数摆好第二轮酒杯，并迅速倒好酒水。

③酒会过程中应根据客人饮用喜好补充酒水与酒杯，并及时将用过的脏酒杯送去清洗、消毒。

④倒好的酒水应在吧台上分类，整齐地排列好，一般排成正方形或长方形。

图 3.10　酒水服务员

⑤酒会结束前的 10 分钟也是酒水消费的高潮，应保证供应。

⑥及时统计酒类、饮料的消耗，以便酒会结束时准确地结账。

（3）酒水服务员

①客人进入宴会厅时，应用托盘托送各种酒水请客人取用（同时提供餐巾纸），以减轻吧台的压力。

②在客人用餐过程中，应不断地托送酒水巡回在宴会厅各处。

③将宴会厅各处用过的脏酒杯及时送至洗杯处清洗、消毒。

④协助吧台调酒师做好其他酒水服务工作。

（4）餐台服务员

①酒会开始后，客人来到餐台前时应主动提供餐盘并协助客人取菜。

②及时补充餐盘、刀叉等餐具，以便客人取食。

③随时回答客人有关菜点的询问，为客人分派主菜。

④及时清洁或更换取菜用的公用叉、匙。

⑤适时整理菜点，保持菜肴的美观。

⑥注意热菜的保温，添加燃料（一般是固体酒精）时注意安全。

（5）餐桌服务员

①如果是坐式酒会，则按宴会服务要求为客人提供服务。

②如果是立式酒会，则巡回宴会厅各处，随时撤走客人用过的脏餐具。

③保持宴会厅的卫生，如有脏物，随时清理。

④如有不方便或不习惯自取食物的客人，应主动根据客人喜好为其取送菜点。

（6）传菜员

①根据菜单顺序和上级安排，将菜点从厨房传送至宴会厅的餐台，协助餐台服务员摆好。

②随时撤走客人用过的脏餐具至洗碗间清洗、消毒。

③根据需要，及时为餐台和吧台补充洁净的餐酒具。

④协调宴会厅与厨房的关系，及时补充菜点，并将客人对菜点的意见及时反馈给厨房。

（7）收款员

①根据宴会预订单的客人人数计算菜点费用，如超过预订人数，则按实际人数计费。

②根据吧台所报酒类饮料的消耗数量计算酒水费用。

③根据规定计算其他费用，如场地费、鲜花费等。

④及时、准确地汇总账单，以便结账。

⑤按中西餐宴会要求提供结账收款服务。

4）注意事项

①酒会结束时，所有服务人员应列队送客。

②酒会进行过程中，各岗位服务员应密切配合。如某岗位特别繁忙时，其他岗位服务员应及时、主动地给予协助。

③酒会进行过程中，应坚守自己的岗位，不要闲聊，以免冷落客人。

④酒会结束后，应将食物及时撤送至厨房处理，一般不提供"打包"服务。

⑤在服务过程中，应谨慎小心，防止与过往客人碰撞，如需打扰客人，应先致歉。

⑥冷餐酒会的结束工作与中西餐宴会大致相同，应特别注意各岗位服务员之间的团结协作，以便共同把宴会厅整理好。

3.2.5　鸡尾酒会服务

鸡尾酒会（Cocktail Party）的形式较为灵活，以供应酒水为主，略备菜肴和小吃，因站立饮食、来去自由、交流广泛而深受客人（特别是欧美客人）喜爱。

1）酒会前的准备工作

图 3.11　鸡尾酒会

（1）宴会厅的设计

①搞好宴会厅的清洁卫生。

②按主办者的目的和要求设计布置酒会会标，并以盆景花草装饰宴会厅。鸡尾酒会与冷餐酒会最主要的区别是鸡尾酒会不设餐台。

（2）吧台设计

鸡尾酒会的吧台设计与冷餐酒会大致相同，其区别：一是吧台数量，鸡尾酒会一般是每50位客人设置一个吧台；二是酒水数量，鸡尾酒会一般按每人每小时 3 ～ 5 杯的标准准备酒水数量（每杯 220 ～ 280 毫升）。

（3）摆放餐桌

在宴会厅内摆放数量适宜的小型餐桌（方桌或圆桌），应注意餐桌之间的距离要适宜，以便客人和服务人员行走。同时，在宴会厅四周摆放少量座椅，以方便使用。

（4）摆放小吃

在酒会开始前半小时左右在餐桌上摆放各种干果和小吃，同时摆上牙签筒（鸡尾酒会上客人用牙签取食）、餐巾纸、花瓶、烟灰缸等。

另外，致辞台、签到台的准备和酒水的斟倒等与冷餐酒会相同。

2）酒会中的服务

鸡尾酒会服务过程中各岗位服务员（除餐台服务员）的工作与冷餐酒会基本相同。稍有不同的是鸡尾酒会是在开始后才陆续送上热菜热点，摆放在餐桌上由客人用牙签或点心叉取食（或由餐桌服务员巡回托送）。

3）酒会的结束工作

①各岗位服务人员热情、礼貌地列队送客。

②收台检查。

③整理宴会厅，使其恢复至酒会前的原状。

鸡尾酒会服务的注意事项与冷餐酒会相同。

3.2.6　宴会管理

1）工作安排与人员分工

接到宴会任务通知书后，管理人员应根据宴会规模和要求明确各项工作任务，然后向参与宴会服务的服务人员布置工作任务，明确分工，责任到人。

2）准备工作的组织与检查

准备工作包括宴会厅的布置要求、餐台的式样、餐酒用具的领用、酒水的准备、摆台的标准、冷菜摆放的要求等。管理人员应将所有准备工作考虑周详，督促服务人员完成，并进行详细的检查，确保万无一失。

3）与厨房的沟通协调

宴会管理人员必须事先做好与厨房的沟通，如冷菜的特色、热菜的上菜顺序、所用的餐具、菜肴所对应的调配料等。在宴会进行的过程中，管理人员必须根据宴会进程及时与厨房协调，控制出菜的速度。

4）宴会过程的控制

①按宴会主办单位的要求来控制和掌握整个宴会的时间。

②根据客人的进餐速度控制上菜的速度。一般情况下，每道热菜的间隔时间在 10 分钟左右。

③加强巡视，随时控制服务质量，确保宴会服务规格。

④及时解决宴会过程中出现的问题。

⑤督促各岗员工做好宴会的各项收尾工作。

5）宴会后的总结提高

①每次宴会结束后都应总结本次宴会的成功经验，然后加以推广。

②在总结经验的同时，找出本次宴会的不足，分析问题产生的原因，提出解决办

法，以便在下次宴会时改进。

图 3.12 宴会

小 结

1. 宴会是在普通用餐的基础上发展而成的一种高级用餐形式，是指宾主之间为了表示欢迎、祝贺、答谢、喜庆等目的而举行的一种隆重、正式的餐饮活动，具有自身的特点和不同的种类。

2. 宴会预订主要有面谈预订和电话预订两种方式。宴会预订的程序包括热情迎接、仔细倾听、认真记录、礼貌道别。

3. 宴会前的组织准备工作是宴会成败的关键。

4. 中餐宴会服务包括迎领服务、餐前服务、斟酒服务、上菜服务、分菜服务、席间服务、结账服务、送客服务等环节。

5. 西餐宴会服务包括迎领服务、鸡尾酒服务、拉椅让座、上头盘、上汤、上鱼类菜肴、上肉类菜肴、上甜点、送客服务等环节。

6. 冷餐酒会和鸡尾酒会的服务有些相似，其内容主要有迎领服务、酒水服务、菜肴服务、餐桌服务等。

7. 宴会的管理主要有工作安排与人员分工、准备工作的组织与检查、与厨房的沟通协调、宴会过程的控制、宴会后的总结提高。

思 考 题

1. 宴会有哪些特点？宴会有哪些不同的分类方法？

2. 接受预订的程序有哪些内容？

3. 分组练习电话预订。

4. 如何落实宴会预订？

5. 中餐宴会的宴前组织准备工作包括哪些内容？分组练习宴会服务。

6. 如何通过制订服务程序来控制宴会质量？

7. 宴会管理有哪些内容？

菜单管理

任务4.1　菜单设计与制作

　　菜单是餐饮企业向客人提供的餐饮产品的品种和价格的一览表。菜单设计与制作的好坏将直接影响餐饮经营的成败。

4.1.1　菜单的作用

　　①菜单是餐饮企业与消费者之间的桥梁与纽带。

　　②菜单决定了餐饮设备的选购。

　　③菜单决定了餐饮原料采购、库存的方式。

　　④菜单决定了餐厅的主题与风格。

　　⑤菜单决定了餐饮企业所需员工的数量与质量。

⑥菜单是餐饮企业成本控制的依据。

⑦菜单是餐饮企业重要的宣传品之一。

4.1.2　菜单设计的依据

1）目标市场需求

任何餐饮企业，无论其规模、类型、等级，都不可能具备同时满足所有客人饮食需求的条件与能力。因此，餐饮企业必须选择一群或数群具有相同或类似餐饮消费特点的客人作为自己的目标市场，以便更有效地满足这些特定消费群体的餐饮需求。

图4.1　菜单设计

2）菜肴的销售量与获利能力

决定某一菜肴是否列入菜单应考虑3个因素：一是该菜肴的赢利能力；二是该菜肴可能的销售量；三是该菜肴的销售对其他菜肴销售的影响。

3）原料的供应情况

餐饮原料供应的影响因素较多，如地理位置、市场供求关系、采购和运输方式、季节、原料的产地等。

4）菜肴的花色品种

花色品种的增加主要应通过原料的不同搭配、颜色的变化等方法。但花色品种过多也并非好事，因为会给餐饮企业的原料准备带来困难，很有可能造成单上有名、厨中无物的现状。

5）菜肴的营养结构

选择适合自己的餐饮产品是就餐客人自己的责任，但向客人提供既丰富又营养的饮食却无疑是餐饮企业义不容辞的职责。因此，菜单设计者必须充分考虑各种食物的营养成分，了解各类客人每天的营养和摄入需求，还应了解如何搭配才能生产出符合营养原理的餐饮产品。

6）餐饮生产条件

在菜单设计时，应充分考虑企业生产条件的局限性、厨师的技术水平和烹调技能无疑是必须首先考虑的因素。其次，菜单设计者还必须考虑厨房设施设备的限制，如设施设备的生产能力、适用性等。总之，应避免某些厨师或设备忙不过来，而其他厨师或设备空闲的现象。

4.1.3　菜单的种类

菜单的种类可谓形形色色、多种多样。

1）点菜菜单

点菜菜单的使用最为广泛，是按一定程序排列餐饮企业供应的各式菜点，每种菜点都有单独的价格，就餐客人可以根据自己的口味爱好和消费能力来自由选择所需的

图 4.2 菜单样板

菜点。点菜菜单分早、午、晚餐菜单和客房送餐菜单等。

（1）早餐菜单

早晨是一天的开始，无论是哪种类型的客人，他们都希望尽快享用早餐。因此，早餐应简单、快速，但要高质量。星级饭店的早餐菜单一般分为中式、西式两种。

（2）午餐、晚餐菜单

午餐、晚餐是一天中主要的两餐，所有客人都希望吃得舒服。一般说来，客人对午餐的要求相对简单一些，但对晚餐的要求高一些。客人对午餐、晚餐菜单的要求是品种繁多，选择余地较大，并富有特色。在一部分西餐厅，午餐、晚餐菜单是分设的，但绝大多数中餐厅的午餐、晚餐菜单是合一的。

（3）周末早午餐菜单

随着人们休闲观念的增强，相当一部分人会在周末早晨睡懒觉，待这部分客人赶到餐厅时，可能已经错过了早餐时间。为此，有一些餐饮企业为适应这些客人的生活特点和饮食需求，便在周末推出早午餐（也称晚早餐）菜单。早午餐菜单介于早餐和午晚餐菜单之间，既有早餐菜点，又有午餐菜点。

（4）客房送餐菜单

在星级饭店的餐厅还有客房送餐菜单。住在客房中的客人由于某些原因不能或不愿意去餐厅用餐，因此要求在客房中就餐。为满足这些客人的要求，星级饭店大都提供客房送餐服务（Room Service），并制订了专门的客房送餐菜单。该菜单的特点是：品种较少，质量较高，价格较高。

2）套餐菜单

所谓套餐，是指由餐饮企业按一般的进餐习惯为客人提供规定的菜点，而不能由客人自由选择。套餐菜单就是这些规定菜点的排列表。其特点是：只有一餐的统一价格，而没有每道菜点的单独价格。

3）团队用餐菜单

餐饮企业经常会接待旅游团队、会议团体等，这些团队客人的用餐一般由餐饮企业根据其用餐标准安排，一般应注意：①根据客人的口味特点安排菜点。②中西菜点结合，高、中、低档菜点搭配。③这些客人往往会在餐厅连续用餐，所以应注意菜点的花色品种，争取做到天天不一样，餐餐不重复。

4）宴会菜单

宴会菜单是根据客人的饮食习惯、口味特点、消费标准和宴请单位或个人的要求而特别制订的菜单。餐饮企业一般会根据季节、标准等制订几套宴会菜单，当客人前来预订时再根据客人的要求做适当的调整。

5）自助餐菜单

自助餐菜单与套餐菜单相似，两者的主要区别是菜点的种类和数量。自助餐菜单的定价方式一般也有两种：一种是与套餐菜单相同的包价方式，即价格固定，然后客人任意选择餐厅所提供的所有菜点；另一种是每种菜点单独定价，客人选择某种菜点就支付该菜点的价格。

6）酒单

酒单和菜单同等重要，相当一部分餐饮企业的菜单与酒单合二为一。但最好还是单独设计酒单。酒单应清楚、整洁和精美，不宜太复杂，而且应根据客人的需求经常更新。

除上述菜单外，餐饮企业根据其类型及客源对象不同，还有一些其他菜单，如快餐菜单、今日特价菜单、儿童菜单等。

图4.3　酒单

4.1.4　菜单的设计程序

1）准备所需材料

①各种旧菜单，包括餐次企业目前在用的菜单。

②标准菜谱档案。

③库存原料信息。

④菜肴销售结构分析。

⑤菜肴的成本。

⑥客史档案。

⑦烹饪技术书籍。

⑧菜单词典等。

2）制订标准菜谱

标准菜谱一般由餐饮部和财务部共同制订，其内容有：

①菜肴名称（一菜一谱）。

②该菜肴所需原料（主料、配料和调料）的名称、数量和成本。

③该菜肴的制作方法及步骤。

④每盘分量。

⑤该菜肴的盛器、造型及装饰（装盘图示）。

⑥其他必要信息，如服务要求、烹制注意事项等。

3）构思总体菜单

①根据菜单设计依据确定菜肴种类。

②根据进餐先后顺序决定菜单程式。

③进行菜单定价。

④着手菜单的装潢设计。

⑤印刷和装帧。

4.1.5 菜单的制作

1）材料

菜单的制作材料应根据餐厅使用菜单的方式而定。一般说来，菜单有"一次性"和"耐用"两种使用方式。"一次性"是指使用一次即处理掉的菜单，如咖啡厅的纸垫式菜单、客房送餐服务的门把手菜单、宴会菜单等。"耐用"是指能长时期使用的菜单，如零点菜单等。

2）规格与式样

菜单的尺寸大小应根据餐厅规模、菜点品种而定，一般规格在 26 厘米 × 36 厘米至 28 厘米 × 38 厘米。当然这并非绝对，关键是要求菜单的大小必须与餐厅面积、餐桌大小和座位空间相协调。

菜单的式样最常见的是长方形，但也可以根据餐厅的具体情况设计成圆形、正方形、梯形、菱形等，但必须与餐厅风格相协调。

3）菜单的内容

菜单上除了餐饮产品的名称、价格等信息之外，还必须注明餐饮企业的名称、地址、电话号码、餐厅营业时间、服务内容、预订方法等。此外，还必须有一些描述性说明，但产品的描述性说明应准确并恰如其分，做到实事求是，易于理解。

菜单上的文字图案均应印刷清楚，清晰可读。菜点名称应有中英文对照，风味餐厅的菜名还应配有相应国家或地区的文字。

任务4.2 菜单定价

餐饮产品的价格是否合理，对产品的销售、企业在市场中的竞争力及其市场占有率、企业的营业收入和利润等都会产生极大的影响。因此，价格历来是企业经营管理中最敏感的问题，必须引起餐饮企业管理者的高度重视。

4.2.1 影响菜单定价的因素

1）影响餐饮产品定价的内部因素

①成本和费用。

②定价目标。

③产品。

A. 餐饮产品的益处。

B. 餐饮产品的构成。

④档次。

⑤原料。

⑥工艺。

⑦人力资源。

⑧经营水平。

⑨餐饮企业的形象。

A. 餐厅形象。

B. 餐饮产品形象。

C. 服务形象。

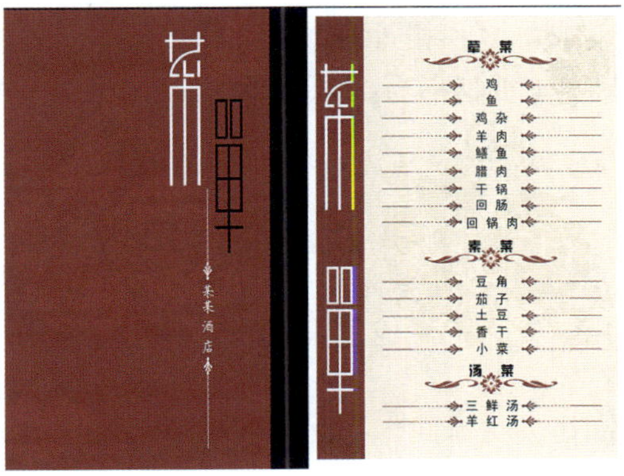

图4.4　菜单样板

图4.5　菜单定价

2）影响餐饮产品定价的外部因素

（1）市场需求

①负需求。

②无需求。

③潜在需求。

④衰退性需求。

⑤不规则需求。

⑥饱和需求。

⑦超饱和需求。

⑧不健康需求。

（2）竞争因素

①餐饮企业的市场定位。

②餐饮产品的档次。

③餐饮产品的价格灵敏度。

④市场发展情况。

⑤环境。

⑥本地区人民的生活水平。

⑦气候。

⑧消费者的心理价位。

4.2.2　菜单定价的目标

1）保本导向定价目标

在市场不景气或竞争异常激烈的情况下，许多餐饮企业为了生存，在定价时只求保本，待市场需求回升或企业有了一定知名度后再提高价格。另外，也有一些企业集团或公司为方便接待来往的客户而开办一家餐饮企业，此类餐饮企业通常以保本为定价目标。

当餐饮企业的营业收入与固定成本、变动成本之和相等时，企业即可保本。餐饮企业保本点的营业收入等于固定成本除以贡献率（贡献率为：1－变动成本率），用公式表示为：

$$保本点营业收入＝\frac{固定成本}{1－变动成本率}$$

餐饮企业的固定成本包括房租、水电费用、人力资源成本、餐酒茶具消耗、管理费用、财务费用等。

餐饮企业的变动成本一般是指餐饮原料的成本，有些企业的变动成本也包括燃料费用。餐饮企业的平均变动成本率一般为40%～60%，主要根据餐饮企业的等级或饭店的星级来确定。

2）利润导向定价目标

（1）目标收益率

根据目标收益率来确定企业的定价目标，是最常见的利润导向定价目标。这种目标可以是获取占营业额一定百分比的利润率，也可以是获得一定的投资收益率，还可以是获得一定数额的利润。

餐饮企业要实现一定的目标利润，其营业收入可用公式表示为：

$$营业收入＝\frac{固定成本＋目标利润}{1－变动成本率}$$

（2）追求最高利润

大多数餐饮企业均采用追求最高利润的定价目标。值得注意的是，追求最高利润，并不等于餐饮产品的最高价格，而是追求企业的长期最高总利润。为了实现这一目标，餐饮企业可能在短期内为了争取更多的消费者，而采用低价薄利的定价策略，或牺牲局部利润，如酒水饮料的进价销售或推出某些特价菜肴等，以争取整个企业的最高利润。

（3）获得满意的利润

有些餐饮企业以获得令业主（投资者）满意的利润为定价目标。此类企业规定在将来的某一时期内（一般为1年）实现某个利润数额或利润增长率，以确保企业的长期生存与发展。另外，许多餐饮企业认为对企业能否实现最高利润的目标很难精确地估量，因此也以获得满意的利润数额作为定价目标。

3）营业额导向定价目标

（1）增加营业收入

大多数餐饮企业都相信营业额的增长即意味着利润的增加，但若通货膨胀严重、能源紧张或餐饮原材料缺乏，会导致生产和销售成本、费用增加，即使营业额增加，利润额也未必会增加。因此，虽然仍有企业以增加营业额为定价目标，但这些企业也同时将企业的利润作为定价目标。

（2）维持原有的市场

在餐饮业竞争日趋激烈的今天，许多餐饮企业都采取各种方法，以保持企业原有的客源市场，并据此作为定价目标。这些餐饮企业有固定的客户，为他们提供适合的餐饮产品，以使自己保持与本企业规模和声誉相适应的营业额水平。

（3）开辟新的客源市场

作为有远见卓识的餐饮企业，往往采取各种方法来开辟新的客源市场。在原有市场已经饱和的情况下，针对本企业的具体情况，选择新的目标市场，并以他们的消费水平来确定定价策略，很容易获得成功。

4）竞争导向定价目标

在市场经济条件下，竞争是不可避免的。当餐饮企业面对竞争时，通常会采用竞争导向的定价目标。竞争导向定价目标是指餐饮企业为应付或避免竞争而采用的一种定价目标，主要有以下两种情况：

（1）应付或避免竞争

有相当多的餐饮企业制订产品价格的主要依据是对市场有决定影响的竞争者的价格。在一般情况下，消费者对价格较为敏感，因此，这些企业的餐饮产品价格不一定与竞争对手的价格完全相同，但会根据自己的具体情况制订比竞争对手略低或稍高一些的价格。这些企业在成本、费用或消费者的需求发生变化时，如果竞争对手的餐饮产品价格保持不变，他们也会维持原有的价格，但若竞争对手做出价格变动的决定时，他们也会对价格进行相应的调整，以应付竞争。

（2）非价格竞争

有些知名度较高的餐饮企业通常会以非价格竞争作为定价目标。这些企业非常强调企业的兴旺取决于菜点和服务的质量以及企业的品牌，而不与竞争对手进行价格竞争。采用这种定价目标的企业实际上是餐饮行业的佼佼者，其产品已经得到消费者的认可，也已经培育了一批忠实的消费者。

4.2.3 成本核算、分析与控制

食品成本是决定菜肴价格的依据，食品成本核算的准确与否直接影响餐饮企业的经济效益。

1）主、配料成本的核算

餐饮企业使用的各种原材料，有不少鲜活品种在烹制前要进行初步加工。在初步加工之前的食品原材料一般称为毛料，而经过屠宰、切割、拆卸、拣洗、涨发、初制等初步加工处理，使其成为可直接切配烹调原料则称为净料。原料经初步加工后，净料与毛料不仅在质量上有很大区别，而且在价格、等级上的差异也较大。

为了便于计量，目前许多星级饭店和餐饮企业都采用净料成本来计算食品成本。

（1）净料率的概念

净料率是指食品原材料在初步加工后的可用部分的质量占加工前原材料总质量的比率，它是表明原材料利用程度的指标，其计算公式为：

$$净料率 = \frac{加工后可用原材料质量}{加工前原材料总质量} \times 100\%$$

实际上，在原材料品质一定，同时在加工方法和技术水平一定的条件下，食品原材料在加工前后的质量变化，是有一定的规律可循的。因此，净料率对成本的核算、食品原材料利用状况分析及其采购、库存数量等方面，都有着很大的实际作用。

（2）净料成本的核算

净料成本的核算根据原料的具体情况有一料一档及一料多档之分。

① 一料一档的净料成本核算。

一料一档是指毛料经初步加工处理后，只得到一种净料，没有可供作价利用的下脚料。一料一档的净料成本核算公式为：

$$净料成本 = \frac{毛料进价总值}{净料总质量}$$

如果毛料经初步加工处理后，除得到净料外，尚有可以利用的下脚料，则在计算净料成本时，应先在毛料总值中减去下脚料的价值，其计算公式为：

$$净料成本 = \frac{毛料进价总值 - 下脚料价值}{净料总质量}$$

② 一料多档的净料成本核算。

一料多档是指毛料经初步加工处理后得到一种以上的净料。为了正确计算各档净料的成本，应分别计算各档净料的单位价格。各档净料的单价可根据各自的质量，以及使用该净料的菜肴的规格首先决定其净料总值应占毛料总值的比例，然后进行计算。其计算公式为：

$$该档净料成本 = \frac{毛料进价总值 - 其他各档净料占毛料总值之和}{该档净料总质量}$$

③成本系数。

由于食品原材料中大部分是农副产品，其地区性、季节性、时间性很强，因此，原材料的价格变化很大。每次进货的原材料价格不同，其净料成本也会发生变化。为避免进货价格的不同而需要逐项计算净料成本，餐饮企业可利用"成本系数"进行净料成本的调整。成本系数是指某种食品原材料经初步加工或切割、烹烧实验后所得净料的单位成本与毛料单位成本之比，用公式表示为：

$$成本系数 = \frac{净料单位成本}{毛料单位成本}$$

成本系数的单位不是金额，而是一个计算系数，适用于某些食品原材料的市场价格上涨或下跌时重新计算净料成本，以调整菜肴定价。计算方法为：

净料成本＝成本系数 × 原材料的新进货价格

2）调味品成本的核算

（1）单件产品调味品成本的核算

单件制作的产品的调味品成本也称个别成本，餐饮企业中大多数单件烹制的热菜的调味品成本均属这一类。在核算此类调味品成本时，首先应将各种不同的调味品的用量估算出来，然后根据其进货价格分别计算其金额，最后逐一相加即可。其计算公式为：

单件产品调味品成本＝单件产品耗用的调味品$_1$的成本＋单件产品耗用的调味品$_2$的成本＋…＋单件产品耗用的调味品$_n$的成本

（2）批量产品平均调味品成本的核算

平均调味品成本也称综合成本，是指批量生产的菜或点心的单位调味品成本，餐饮企业中的点心类产品、卤制品等调味品成本都属于这一类。在核算此类调味品成本时，首先应像单件产品调味品成本核算那样计算出整批产品中各种调味品的用量及其成本。由于批量产品的调味品使用量较大，因此调味品用量的统计应尽可能全面，以准确核算调味品成本，同时也更能保证产品质量。然后用批量产品的总重量来除调味品总成本，即可计算出每一单位产品的调味品成本，用公式表示为：

$$批量产品的平均调味品成本 = \frac{批量产品耗用的调味品总成本}{批量产品总量}$$

4.2.4　菜单定价的方法

旅游涉外饭店及餐饮企业的餐饮产品定价方法较多，且各不相同。每种定价方法各有优点和缺点。各饭店及餐饮企业应根据自己的具体情况及不同的产品类别灵活选用定价方法。

1）销售毛利率法

销售毛利率法是根据餐饮产品的标准成本和销售毛利率来计算餐饮产品销售价格

的一种定价方法。其计算公式可做如下推导：

设 P 为销售价格，C 为原材料成本，M 为毛利，r 为销售毛利率。

因销售毛利率 $= \dfrac{毛利}{销售价格} \times 100\%$ ，则毛利为销售价格与销售毛利率的乘积：

$$M = Pr \tag{1}$$

而餐饮产品价格 = 原材料成本 + 毛利，即：

$$P = C + M \tag{2}$$

将式（1）代入式（2），得：

$P = C + Pr$，移项后得：

$C = P(1 - r)$，再移项后得：

$P = C \div (1 - r)$，即：

$$销售价格 = \dfrac{原材料成本}{1 - 销售毛利率}$$

2）成本毛利率法

成本毛利率法是根据餐饮产品的标准成本和成本毛利率来计算餐饮产品销售价格的一种定价方法。其计算公式可做如下推导：

设 P 为销售价格，C 为原材料成本，M 为毛利，r 为成本毛利率。

因成本毛利率 $= \dfrac{毛利}{原材料成本} \times 100\%$ ，则毛利为原材料成本与成本毛利率的乘积：

$$M = Cr \tag{1}$$

而餐饮产品价格 = 原材料成本 + 毛利，即：

$$P = C + M \tag{2}$$

将式（1）代入式（2），得：

$P = C + Cr$，移项后得：

$P = C(1 + r)$，即：

$$销售价格 = 原材料成本 \times (1 + 成本毛利率)$$

4.2.5　菜单定价的策略

1）心理定价策略

（1）尾数定价策略

①餐饮产品的尾数应为奇数。

②餐饮产品的价格尾数应为 6，8 等吉利数字。

③注意定价中的第一位数字。

④应尽量让价格保持在一定范围内。

⑤价格不宜频繁调整。

（2）整数定价策略

一般的消费者在购买某种商品时，对产品的制作过程或烹调技艺等都是不了解的，当然也无须去了解。而许多消费者都具有"一分价钱一分货"的价值观念，因此，餐饮企业在制订餐饮产品价格时应将产品的价格调整到代表产品价值效用数附近的整数，以使消费者比较容易接受并选购。

（3）声望定价策略

消费者经常把价格看作产品质量的标志。知名度较高的餐饮企业或普通餐饮企业的高档餐饮产品在定价时应适当提高，既可提高本企业餐饮产品的身价，又衬托出消费者的身份、地位和消费能力，给消费者心理上带来极大满足。

2）折扣定价策略

（1）数量折扣

①非累计折扣。

②累计折扣。

A.消费金额累计折扣。

B.消费次数累计折扣。

（2）时段折扣

餐饮经营的特点之一是餐饮消费受就餐时间的限制。因此，餐饮企业为扩大餐饮销售，通常会在营业的非高峰期间给予消费者以消费折扣优惠，这在星级饭店的咖啡厅、酒吧等处特别常见。

（3）实物折扣

餐饮企业为鼓励客人大量消费本企业的餐饮产品，可赠予消费者实物，也会收到较好的效果，如为就餐客人赠送茶点、酒水、水果或纪念品等。实物折扣对于老顾客和有消费潜力的新顾客具有较大的吸引力，如餐饮企业为来就餐的外国客人赠送筷子、中式点心、当地的小纪念品；又如为国内的餐饮消费者赠送菜肴、茶点、水果及纪念品等；还有在高星级饭店的西餐厅为就餐的客人赠送自制的巧克力等。

（4）推销津贴

为鼓励客户为餐饮企业招徕客源，有些餐饮企业会给予这些对企业有贡献的客户以推销津贴。推销津贴可以是现金，也可以是本企业的餐饮消费券。有些餐饮企业为鼓励本企业的员工多向食客推销餐饮产品，也制订了一些奖励措施，如给予那些在日常工作中销售出色的员工以一定的推销津贴。

3）招徕定价策略

这是餐饮企业为促进销售而制订的价格策略，其中包括亏损招徕、特价招徕等策略。

（1）亏损招徕策略

亏损招徕是指餐饮企业廉价出售某些餐饮产品，企业将某种或某几种餐饮产品的价格制订得特别低，甚至低于成本，从而以低廉的价格招徕消费者，并给他们留下一个廉价的印象。采用这种定价策略的企业在吸引消费者购买廉价餐饮产品的同时，刺激消费者购买或消费其他正常定价的餐饮产品。餐饮企业销售这些廉价餐饮产品，从表面上看无利可图，但从整体上考虑，消费者也必然会消费其他餐饮产品，餐饮企业不仅能收回这些亏损产品所失去的利润，而且还可以提高总的营业收入和利润额。

（2）特价招徕策略

餐饮企业在某些节日或营业淡季时，特别降低某种餐饮产品的价格，以更多地招徕消费者，这是许多餐饮企业在先阶段采取的一种定价策略。如某餐饮企业在营业淡季时，推出鲈鱼1元1条或基围虾1元250克等，以吸引客人前来消费。餐饮企业在采用这种策略时，应与相应的广告宣传活动相配合，通过提高总的餐饮产品的销售量来降低食品成本，从而增加利润额。

4）新产品定价策略

餐饮行业是一个没有专利的行业，任何一种餐饮产品在推出不久以后即会使餐饮企业很快丧失优势。因此，餐饮企业在进行新产品定价时必须考虑产品的生命周期。如果新产品的生命周期较短，可采用高价策略，以使企业增加利润，但容易引起竞争者加入；如果新产品的生命周期较长，可采用低价策略，即实行向市场渗透的策略，坚持薄利多销的原则，从而避免竞争者加入。新产品定价策略具体有以下3种形式：

（1）撇脂定价策略

撇脂的原意是将牛奶上面的那层奶油撇出来。撇脂定价策略是指餐饮企业在新产品刚推出时采用制订高价的策略，以便使企业迅速赢利，因为消费者对新产品总有一种求新的消费心理，他们愿意支付较高的价格以先尝为快。当竞争对手推出同样的产品时，企业马上降低价格，以吸引更多的对价格较为敏感的消费者，也为了应付竞争对手的挑战。

（2）渗透定价策略

与撇脂定价策略相反，渗透定价策略是指餐饮企业将创新的餐饮产品以较低的价格投放市场的策略。餐饮企业把产品的价格定得较低，以便迅速占领市场，增加该产品的销售量，并刺激其他产品的销售，从而使企业尽快获得较好的经济效益。

（3）满意价格策略

这是一种介于撇脂定价策略与渗透定价策略之间的折中定价策略，它汲取上述两种定价策略的优点，采取两种价格之间的适中水平来确定创新产品的价格，既能保证餐饮企业获得较为合理的利润，又能为消费者所接受，从而使双方都满意。同时，餐饮企业还可以根据市场需求的状况、市场竞争的激烈程度、产品的新奇特程度和企业本身的实力（如知名度和美誉度的高低等）来确定产品偏高或偏低的价格。

小　结

1.菜单是餐饮企业经营的首要环节，是连接企业与客人的纽带。

2.菜单设计必须以目标市场需求、菜肴的销售量与获利能力、原料的供应情况、菜肴的花色品种、菜肴的营养结构、餐饮生产条件为依据。

　　3. 菜单有点菜菜单、套餐菜单、团队用餐菜单、宴会菜单、自助餐菜单和酒单等多种形式。

　　4. 菜单设计程序为：准备所需材料、制订标准菜谱和总体构思菜单；菜单的制作必须考虑菜单的材料、规格与式样、内容。

　　5. 影响菜单定价的因素有外部和内部两大类；餐饮定价目标有保本导向、利润导向、营业额导向、竞争导向。

　　6. 要想准确定价并确保实现餐饮企业的经济效益，就必须进行精确的成本核算。

　　7. 餐饮产品的定价方法有销售毛利率法、成本毛利率法。

　　8. 餐饮产品定价的策略有心理定价策略、折扣定价策略、招徕定价策略、新产品定价策略。

思 考 题

1. 菜单设计应遵循的依据是什么？

2. 菜单设计有哪些程序？

3. 菜单制作的要求有哪些？

4. 结合自身情况设计一分年夜饭菜单（标准 100 元 / 人）。

5. 影响菜单定价的内、外部因素各有哪些？

6. 餐饮企业一般有哪些定价目标？

7. 掌握餐饮成本核算方法。

8. 用各种不同的方法进行餐饮产品定价。

9. 餐饮定价的策略有哪些？如何进行实际运用？

项目 **5**

餐饮原料管理

【知识学习目标】

餐饮原料的采购方法和程序，餐饮原料价格、数量，质量控制，采购人员的要求，原料验收方法和原料保存方法，餐饮原料领发控制。

【能力培养目标】

了解餐饮原料采购方法及数量、质量、价格控制，餐饮原料验收方法，餐饮原料库存方法和原料领发控制。

【教学重点】

1.餐饮原料的采购方法和程序。

2.餐饮原料数量、质量、价格控制。

3.采购人员的要求。

4.餐饮原料的验收要求。

5.餐饮原料的分类保存。

6.餐饮原料的领发控制。

【教学难点】

餐饮原料的采购方法、餐饮原料的验收要求、餐饮原料的分类保存。

任务5.1　餐饮原料的采购管理

5.1.1　餐饮原料的采购方法

餐饮原料的采购方法多种多样，运用什么样的采购方法，应根据餐饮企业自身经营要求和市场供应的实际情况进行确定。目前，较常用的采购方法有以下几种：

1）预先采购法

预先采购主要是指餐饮企业根据自身经营需求和原料库存情况，由各部门有预见性地提出所需餐饮原料，采购人员预先进行购买，储存备用。预先采购的主要目的是：第一，满足企业所需，获取稳定的货源；第二，获得较低廉的供货价格；第三，有充

足的时间进行原料质量选择。但是，要
采用此方法时必须考虑以下几点：

①对市场供货情况做好充分的了解
和分析，以利于降低原料购置成本。

②充分了解原料性质和原料的保质
周期。

③企业对原料具有适当的保存地点
和妥善的保管方法。

图 5.1　肉类原料

2）即时购买法

即时购买是指餐饮企业根据其每日生产经营要求，对当日所需的原料进行购买。
其优点是：原料新鲜、当日购买、当日使用，能较好地保证原料质量与菜点质量。其
缺点是：货源与供货价格不稳定，特别是价格会受到市场的货源供应、天气、交通、
节假日的影响。

3）择优购买法

择优购买法时常跟预先采购法一起配合进行，它是指餐饮企业根据自身经营特色
的要求，同时对多家供货商提供的原料质量、供货价格与供货时间进行选择，从而选
择信誉好、原料质量过硬、价格适中的供货商，集中进行供货。这种方法主要用于大
宗原料的购买，主要优点在于能保证原料质量，确保供货的及时性，能较好地掌控原
料价格。

5.1.2　餐饮原料的采购程序

餐饮原料的常规采购程序可分为：递交原料申购单；处理原料申购单；确定原料
价格，选择供货商；实施采购，过程控制；处理票据，支付货款；信息反馈。

1）递交原料申购单

厨房各部门与仓库，购置原料都需提前填写原料申购单并经上级领导签字同意，
然后将原料申购单交给采购部门或采购人员进行采购。填写原料申购单时需仔细察看

原料库存，避免原料累积过多，影响原料
质量。

2）处理原料申购单

采购部门或采购员接收到各部门或
仓库原料送来的原料申购单后，应根据原
料性质、所需原料时间要求，进行分类整
理，然后制订原料订购单。

3）确定原料价格，选择供货商

采购人员可将所需原料规格标准等
要求发放给供货商，再从不同的供货商中

图 5.2　蔬菜原料

获取原料报价，最后选定最佳供货商供货。若企业在开业前期已经确定了供货商，采购人员只需向供货商提供所需原料规格标准及所需原料的时间要求。

4）实施采购，过程控制

采购人员需向供货商提供正式原料订货单，同时应将相同的订货单提交给原料验收人员，以备收货时进行核对。在采购过程中，采购人员应做好采购过程的控制工作，随时关注原料送达时间，原料到店后应协助验收人员进行原料验收和质量检查、票据清理并督促相关部门及时领用鲜活原料。

5）处理票据，支付货款

原料验收完毕，验收人员需开具货物验收合格单，在供货发票上进行签字、把供货发票、原料订货单、验收合格单一并交给采购部或采购人员，再由采购部门转到财会部门审核，经审核无误后，根据约定支付货款。验收人员还需把相同的原料验收合格单交付一份给送货人员，便于结账时财会部门进行核对。采购人员需在原料到店验收合格后，随时关注货款的支付情况，确保供货商的合法利益。

6）信息反馈

采购人员应随时将原料市场的供货情况反馈给厨房，便于厨房及时根据市场供货情况进行更换原料，控制成本，开发新产品。同时，采购人员还需将厨房对原料使用情况和满足程度反馈给供货商，便于供货商提供更多质优价廉的原料。

5.1.3　餐饮原料采购价格的控制

餐饮原料采购原料价格的控制是采购工作的重要环节之一，成功的采购就是获得符合质量标准要求的原料和理想的采购价格。餐饮原料的价格受很多因素的影响，波动较大。影响原料采购价格的因素主要有：市场货源的供需关系，采购原料数量的多少，原料的上市季节，供货商的选择，节假日、交通、天气等众多因素。因此，餐饮企业应对采购价格进行有效的控制，控制采购价格的方法有以下几种：

1）限价采购

限价采购就是对企业所需的大宗原料限定进货的价格，这类方法适用于使用较多的普通生鲜原料。

2）规定供货单位和供货渠道

规定供货单位和供货渠道是餐饮企业在开业前期或进行大宗原料购买时，餐饮企业为了有效控制采购价格，确保原料质量，采取的一种最常见的采购方法。企业管理层在经过对供货商考察、进行原料质量与供货价格对比后，确定供货单位和供货渠道，指定采购人员在规定的供货商处进行采购，以稳定货源和原料质量。这种定向采购一般是在价格公道、质量保证的前提下实施的。定向采购供需双方需提前签订合同，确保原料质量、供货时间和价格。

3）竞争报价，择优供货

竞争报价，择优供货是餐饮企业在确定供货单位和供货渠道后的一项补充辅助采购方法，是餐饮企业在进行贵重原料或大宗物料购买时，企业采购部门将所需原材料注明标准要求后，提供给多个长期供货商，采购部门根据供货商所提供的报价单与原材料使用部门和上级领导一道，优选供货商，以满足原料质量要求和原料成本控制的一种优中选优的采购控制法。

4）控制大宗和贵重原料的购货权

大宗原料与贵重原料是影响餐饮物料

图5.3 海鲜原料

成本和产品质量的主要因素。因此，对这类物料的购买，需各使用部门提供原料使用报告说明，采购部门提供各供货商资质、报价等，由企业领导确定供货单位，采购部门不得自行确定供货单位。

5）提高购货量，改变购货规格

根据企业对物料的使用量、对物料的保存条件和物料的自身性质，可大批量进行物料采购，控制成本。同时，部分原料在包装规格和包装精细上有大小不同规格和精、简装之分，采购时应在保证原料质量的前提下，采购大规格、简装原料，降低原料成本。

6）根据市场行情适时采购

部分原料大量上市时，价格相对低廉，可根据企业自身使用量的需求，大量购进储存，以备价格回升时使用，达到降低原料成本的作用。

7）减少中间环节

采购食品原料时，还可以绕开供货商，直接联系食品原料的生产厂家或种植基地，减少中间环节，获得优惠价格。现在许多餐饮企业建立了自己的食品原料生产加工基地，这种方法不仅节省开支而且保证了原料质量。

5.1.4 餐饮原料采购数量的控制

控制好餐饮原料采购的数量，必须对餐饮原料的性质有充分的了解。餐饮原料可分为易腐原料、半易腐原料和不易腐原料。易腐原料是指在短时间内容易腐烂变质，必须当日购进，最好当时使用的原料，如新鲜蔬菜、水果、水产品、奶制品等；半易腐原料，是指较短时间内，经妥善保管不会变质的原料，如宰杀后的动物性原料等；不易腐原料，是指可以在长时间内，经妥善保管不会变质的原料，如干货原料、调味品和罐头食品等。

1）易腐原料数量的控制

易腐原料通常是直接进入到生产厨房，它的采购数量必须由厨房根据常规使用量、各餐饮活动预订情况和每日存料的实际情况来确定。易腐原料购买数量的多少必须经厨师长签字后确定，以保证原料购买数量的准确性。

2）半易腐原料数量的控制

半易腐原料通常也是直接进入到生产厨房，它采购数量的确定跟易腐原料数量确定的要求一样，需由厨房根据冻库库存数量与餐饮活动使用量的实际情况来确定。冻库管理人员需充分了解半易腐原料库存数量与餐饮活动预订情况，根据存货原料的多少随时做好申购计划，半易腐原料数量的申购也需经厨师长签字同意后方可进行。

3）不易腐原料数量的控制

不易腐原料存放在原料库房，库房管理人员应根据企业生产经营的情况制订不易腐原料的最佳订货点量来确定采购数量，不易腐原料购买数量的多少以及何时进行申购应由库管人员掌握，经厨师长签字后方可采购。库存原料最佳订购量的确定需在确定原料库存最高限量和最低限度后才能确定。

（1）原料库存最高限量设定

原料库存最高限量是指不易腐原料在餐饮企业生产经营中日最高消耗量乘以原料到达仓库的天数。最高限量意味着该品种原料的库存数量不得超过该数量。

（2）原料库存最低限量设定

原料库存最低限量是指不易腐原料在餐饮企业生产经营中日最低消耗量乘以原料到达仓库的天数。最低限量意味着该品种原料的库存数量不得低于该数量。

（3）最佳订货点量设定

最佳订货点量的设定是原料库存最低限量加上库存安全数。所谓库存安全数，是指原料因天气、交通等原因可能造成交货延期的情况下，为确保原料的供应，而将原料最低存量的50%设定为安全数。

餐饮原料采购数量的控制必须从企业菜点销售量、市场原料供应情况、企业原料库存量、采购运输和使用量的变化等综合因素上进行考虑，才能做到合理定量，避免浪费。

5.1.5　餐饮原料采购质量的控制

餐饮原料的质量是指原料本身固有的品质，如新鲜度、成熟度、纯度、气味、外观形态、清洁卫生等。为了使采购的餐饮原料质量符合生产加工部门的要求，必须制订一个明确的原料质量标准控制要求，作为订货、购买与供货单位之间的约定依据。为了避免口头叙述造成的理解误差，提高采购原料对质量控制要求的准确性，通常采用书面形式进行沟通说明。在制订采购原料规格控制标准时，叙述应准确、简明扼要、语简意明，避免出现模棱两可的词语和要求。

1）采购原料规格标准控制要求

（1）餐饮原料名称控制要求

写明采购原料的具体名称。原料的名称，一般使用通俗、常用的名称，如鸭，就应写明老鸭、仔鸭、光鸭、活鸭、野鸭、肉鸭等。对一些特殊原料或特殊名称可加以备注进行说明。

（2）规格控制要求

规格主要是指原料的大小、重量、外在形态、容器规格等。原料的外在形态必须根据使用要求加以详细、准确地说明，如雕刻所用的长南瓜，就需要注明原料外观形态以及所用原料部位的长度要求等。一些带包装的调味原料，如鸡精，市场上相同品牌的鸡精有不同重量的包装，采购此类原料时需考虑企业使用量、不同重量包装价格差等因素，然后确定规格要求。

（3）质量控制要求

餐饮原料质量要求主要是指原料的品质特征、等级、商标、产地等内容。餐饮原料的品质应注明原料的新鲜度、纯度、成熟度、清洁度、质地等特征。标明所需原料等级，可对原料的质量给予更好的保证，利于供货部门有针对性地供货，未确定等级的原料需注明原料的质量特征。采购原料时还需注明商标或品牌，以防购买到假冒商品。标明产地是确保原料质量的又一个有效的保证。同时，还需对原料的其他特征做出详细说明，如是新鲜原料还是冰冻原料、是毛料还是净料，对于原料质量的要求必须做出详细具体的说明，才能确保原料采购质量。

（4）特殊控制要求

对原料特殊要求的说明，可依次列在备注上，如原料送达时间要求、运输过程中保管要求、原料特殊形态或部位的要求等。

2）重要原料规格标准控制的具体要求

（1）畜类原料采购规格标准控制要求

畜类原料采购规格标准控制要求，即需注明用料部位及名称、原料新鲜度与色泽、卫生状况、脂肪含量、含水量等。包装的肉品还需注明生产厂家、等级要求、质量标准等。

（2）禽类原料采购规格标准控制要求

禽类原料有肥和瘦、老和嫩、肉用型和非肉用型、新鲜和冰冻等区别。禽类的生长期与肥瘦、老嫩有关。禽类的品种决定了其含脂量、出肉量以及鲜美程度。因此，在制订禽类规格标准时，应对禽类的品种、新鲜度、形态、生长期、重量、包装、产地等做出详细要求。

（3）水产类原料采购规格标准控制要求

水产类原料包括各种鱼类、虾类、贝类等。水产类原料的质量最重要的是新鲜和外观完整。因此，新鲜度和外观完整性是水类原料采购规格标准控制的重点。同时，也需要对水产品个体重量作出要求。

（4）加工制品采购规格标准控制要求

加工制品是指经过专营厂商加工后的各类餐饮原料，如肉制品、蔬果制品、奶制品、调味品等。此类制品的上市形态有罐装、腌制、干货、冷冻等。在制订加工制品采购规格标准时，首先应了解所需加工制品的名称、商标名称、制品等级、食品净重、产品形态以及出厂日期和产地等。特别是对加工制品的包装商标要熟悉。包装商标可以说明产品的规格、数量、价格，同时还可以表明制品的形态和生产时间以及生产厂家等内容。

5.1.6 采购人员的要求

餐饮企业应认真选择和培养得力的采购人员。采购员的职业素质与所购原辅料质量的高低、采购成本的控制有着密切的关系。所以，采购员是厨房进货的核心，对其应有较高的要求。采购员的工作职责和要求包括以下几个方面：

图 5.4 原料加工

①履行正常的采购物价，完成采购以及应急采购的任务。

②按厨房订单或食品仓库采购单的要求，进行 3 家以上的问价、看样，经比质论价后选定价格合理、品质优良、交货及时的供货商。

③供货商的确定必须征得部门经理的审批，方能进行购货。

④按时间要求完成采购任务，确保原料质量，控制好采购成本。

⑤每周向供货商收集一次价目表，并负责保存资料。

⑥按采购和使用要求负责调查供货商的供货能力、食品质量、卫生标准、保质期、价格、信誉、供货资质等，并及时上报主管负责人。

⑦督促供货商按时、按质交货。

⑧协助验收工作，并及时交各种票据送交财务部。

⑨严格执行采购制度和财务制度，不私自收取回扣，不挪用备用金，转账支票不做他用。

⑩遵守法律法规，讲究职业道德，不假公济私，不营私舞弊，不徇私情，坚决抵制不正之风。

任务5.2 餐饮原料的验收管理

餐饮原料的验收管理是食品成本控制流程中的重要一环。各餐饮企业制订了完善的采购制度与采购程序，采购人员也严格遵照各项规定，按质按量并以合理的价格采购原料物品，但如果缺少相应的进货验收控制管理，就会前功尽弃。忽视原料进货验收管理，会使供货商供货马虎从事，有意或无意地缺斤短两，原料的质量也有可能不符合生产经营的要求，原料的价格也可能与原先的报价大有出入。为了保证菜品质量，餐饮原料验收管理应运而生。

5.2.1 餐饮原料验收的任务

①根据采购订单上原料规格和数量要求，检验各种餐饮原料的质量、体积、数量和重量。

②核对餐饮原料价格与既定价格或原定价是否一致。

③给易变质原料加上标签，注明验收日期，并在验收日报表上正确记录已收到的各种食物原料。

④验收员应及时把各种餐饮原料送到储藏室或厨房，以防变质。

⑤负责收集各种原料供货凭证，建立台账记录，确保原料质量。

图 5.5 原料管理

5.2.2 餐饮原料验收的要求

为了使验收工作顺利完成，确保所购进的原料符合订货的要求，对验收场地、设备、工具、验收人员以及各种验收票据提出以下要求：

1）验收场地的要求

验收场地的大小和验收位置的好坏直接影响货物交接的工作效率。验收场地的设立应远离客人进餐区域，以避免影响客人。理想的验收位置应当设在靠近储藏室至货物进出较方便的地方，最好能在靠近厨房的加工场所的指定区域。这样既便于搬运货物，缩短搬运的距离，也可减少工作的失误。验收还要有足够的场地，以避免货物堆积，影响验收。此外，验收工作涉及许多发票、账单等，还需要一些验收设备工具。因此，有条件的可设立验收办公室。

2）验收设备、工具的要求

验收处应配置合适的设备和工具，供验收时使用。主要应有称大件的磅秤、称小件的台秤、称贵重物品的天平秤，各种秤都应定期校准，以保持精确度。还应配置剪刀、手电筒、包装袋等用具。

图 5.6 原料管理

3）验收工作人员的要求

①身体健康，讲究清洁卫生，有良好的职业道德，忠于职守，坚持原则。

②熟悉验收所使用的各种设备和工具。

③熟知本企业物品的采购规格和标准。

④具有鉴别原料品质的能力。

⑤熟悉企业的财务制度，懂得各种票据处理的方法和程序，并能进行正确处理。

⑥使验收后的物品项目与供货发票和定购单项目相符，供货发票上开列的重量、数量要与实际验收的物品重量、数量相符，物品的质量要与采购规格相符，物品的价格与企业所规定的限价相符。收取供货企业的资质证明、原料的合格证明等票据。

4）餐饮原料验收程序的要求

①根据订购单或订购记录检查进货。

②根据供货发票检查货物的价格、质量和数量。

A.凡可数的物品，必须逐件清点，记录下正确的数量。

B.以重量计量的物品，必须逐件过秤，记录下正确的重量。

C.对照采购规格标准，检查原料的质量是否符合要求。

D.抽样检查箱装、桶装原料，检查是否足量，质量是否一致，外包装是否有破损。

E.发现原料重量不足或质量不符需要退货时，应填写原料退货单，送货人需签字认可，将退货单随同发票附页退回供货单位。

③办理验收手续。当送货的发票、物品都经验收后，验收人员要在供货发票上签字，并填验收单，表示已收到了这批货物，收货单据附页提供给送货人员。

④分流物品，妥善处理。原料验收完毕，需要入库进行保藏的原料，要使用双联标签，注明进货日期、名称、重量、单价等，并及时送仓库保藏。一部分鲜活原料直接进入厨房，由厨房开领料单。

⑤填写验收日报表和其他报表。验收人员填写验收日报表的目的是保证购货发票不至于发生重复付款的差错，并作为进货的控制依据和计算每日经营成本的依据。

5.2.3　餐饮原料验收的方法

1）按供货发票验收

按供货发票验收是一种较普通的验收方法。验收人员根据供货发票和采购订单核对原料的项目、数量和价格，这种方法较方便快捷。但要注意的是：验收人员往往直接拿着发票对照货物，而不去对照订购单，这样易使购置原料的数量、规格等不符合订购单的要求。有时还可能图方便，不去逐一过秤原料重量和仔细检查原料的质量。因此，采用这种验收方法，应加强监督职能。

2）填单验收

填单验收是据实验收，是企业控制验收的一种方法。企业自制验收空白凭单，验收人员在验收时，将物品的名称、重量、数量等逐一填入凭单中，然后再与供货发票、订货单相对照。这种方法可减少差错，但较费工夫。

5.2.4　验收控制要求

验收工作虽然是由验收人员来完成的，但作为负责餐饮产品质量控制的部门经理和厨师长，应对验收工作进行督导，以便验收工作能符合管理的目标。

为了避免验收工作出现问题，经营管理者应做到以下几点：

①建立验收工作人员管理制度，指定专人定点负责验收工作。

②验收工作应与采购工作分开，不能由同一个人担任。

③验收贵重原料或质量要求高的原料时，部门经理或厨师长应协助督导验收工作进行。

④货物一经验收，应立即入库或进入厨房，不可以在验收处停留太久，以防失窃或引起质量变化。

⑤尽量减少验收处进出人员，以保证验收工作的顺利进行。

⑥发现进货的原料有质量问题，应退货。

任务5.3　餐饮原料的库存管理

餐饮原料的库存管理是食品原材料控制的重要环节，因为它直接关系到产品质量、生产成本和经营效益。良好的库存管理，能有效地控制原料成本。如果控制不当，就会造成原材料变质、腐败、账目混乱、库存积压，甚至还会导致贪污、盗窃等严重事故的发生。

5.3.1　餐饮原料库存管理的基本要求

1）建立、实施科学库管制度和方法，确保原料储藏安全

餐饮原料库存管理需建立科学的管理制度和管理方法并严格执行，要做到账（保管日记账）、卡（存货卡）、货（现有库存数量）相符。严格按原料性质和特殊要求科学储存、定位储存。食品仓库的账要以每个品种为单位，分批设立账户，设立明细而完整的账单。一物必有一卡，存货卡要与账单相符，与实际存货相符，各类标识完善。同时，还需定期或不定期地进行盘点，确保原料不出现误差和食品安全。

2）分类储存，确保质量

①原料入库储存时应对原料品质、外

图5.7　原料存储

包装等进行全面检查，确定是否适合直接储存保管。如果有不合适的，必须进行必要的加工或重新包装。如有些干货原料，为了防止受潮发霉，要用真空机予以真空包装。有些原料外包装已破损就必须重新进行包装，防止泄漏。

②有特殊气味的原料应与其他原料隔开存放，防止串味，并防止阳光直射。

③易受潮的餐饮原料应隔地隔墙进行储存保管。

④注意各种餐饮原料所需的存放温度和储存期。

⑤密切注意食品的失效期，应遵循先进先出的储藏原则。

⑥一旦发现餐饮原料有霉变、虫蛀、有异味时，应立即予以处理，以免影响其他物品。

⑦食品添加剂类原料应单独储藏，标识清楚。

⑧要遵守《中华人民共和国食品安全法》的有关条例，保证餐饮原料的清洁和安全。

3）控制库存原料的数量和时间

餐饮原料储存管理时，库管人员必须对各类原料的耗用量，原料采购所需时间，原料物理、化学属性以及原料是否适宜久存和多存，企业流动资金的运转等有充分了解。做到原料的合理存量必须与合理的储存时间相配合。原料储存时间还应考虑生产周期、采购周期和原料储存的有效期，加速库存周转，尽量缩短原料的储存时间等。

图 5.8　原料库存

5.3.2　餐饮原料的贮藏方法

1）粮食原料的贮藏

（1）大米的贮藏

要抑制大米的不良变化，首先要注意，精白米不宜长期贮藏。因为精白米无生命状态，而毛稻、糙米有生命状态，贮藏期可以较长。其次，贮藏条件最重要的是低温和低湿。低温是抑制微生物繁殖、虫害、大米变质的重要措施，在 15 ℃以下一般微生物活动能得到抑制；10 ℃左右大米中的害虫几乎停止繁殖；而 20 ℃以上，微生物、害虫就会较快繁殖。气候较暖的地方常温贮藏 6 个月后，大米理化指标将会发生较大的变化；10 个月后口味明显降低。如何安全度夏是大米储藏中最重要的课题。除了控制温度和湿度外，大米堆放时还要架高，并有铺垫物，适时通风，这样既能降温，又可散湿防潮。另外，进货时不能一次进得太多，以免一时用不完造成大米吸湿霉变。

（2）小麦（面）粉的贮藏

小麦粉是直接食用的成品粮，保存时要求仓房必须清洁、干燥、无虫；包装器材应洁净无毒；切忌与有异味的物品堆在一起，以免吸附异味。面粉贮藏在相对湿度为55% ~ 65%、温度为8 ~ 24 ℃的条件下较为适宜。小麦粉贮藏时多以袋装堆放，袋装堆放有实堆、通风堆等。干燥低温的小麦粉，宜用实堆、大堆，以减少接触空气的面积；新加工的热机粉宜用小堆、通风堆，以便散湿散热。不论哪种堆型，袋口都要向内，堆面要平整，堆底要有铺垫，防止吸湿生霉。大量贮藏小麦粉时，新陈小麦粉应分开堆放，便于"推陈贮新"，并经常翻动，以防结块成团。

2）蔬菜原料的贮藏

①防止水分过度蒸发，以免发生萎蔫。采用预冷处理，尽量减少入库后蔬菜温度和库房温度的温差；增加库房湿度；控制空气流速；可以采用塑料薄膜包装技术，如荷兰豆、豆角等用保鲜袋封固。

②防止表面"结露"，减缓腐烂。蔬菜保存场所应有良好的隔热条件；贮藏期间，维持稳定的低温；保持堆内通风良好，通风时，内外温差应小；蔬菜堆不应过厚、过大。

图5.9　蔬菜原料的贮藏

③防止表皮损伤，以免缩短保质期。对蔬菜进行包装运输，如用塑料薄膜纸或袋、纸箱等，但应保证通风透气。质地脆嫩的蔬菜容易被挤伤，不宜选择容量过大的容器，如番茄、黄瓜等应采用比较坚固的箩筐或精包装进行包装，且容量不超过30千克。比较耐压的蔬菜如马铃薯、萝卜等都可以用麻袋、草袋或蒲包包装，容量为20 ~ 50千克。

④最好不要混装，以免互相干扰。因为蔬菜所产生的挥发性物质会互相干扰，尤其是某些蔬菜会产生乙烯，微量的乙烯可能使其他蔬菜早熟，例如，辣椒因乙烯会过早变色。保存时不要与水产、咸肉等堆放在一起，以免异味感染，更不应与垃圾、脏物放在一起。餐饮业应用的蔬菜品种很多，数量通常不大，保存时间不长，当天使用的蔬菜一般只要放在阴凉通风的地方就可以了。发现腐烂的蔬菜应立即处理，以免病菌扩散造成污染。

3）果品原料的贮藏

水果收获后，仍是活的有机体，会继续进行生命活动，如呼吸作用、蒸腾作用和新陈代谢，并逐渐衰老。在采收的过程中，若作业不当，又无适当的包装运输和贮藏条件，极易使果品质量受到影响，如破损、萎蔫，致使产品质量败坏或遭受病菌的侵染而造成大量的腐烂。例如，亚热带水果中久负盛名的荔枝，在一般条件下，极难维持其鲜度，正如唐朝诗人白居易所描述的："若离本枝，一日而变色，二日而香变，三日而味变，四五日外，色香味尽去矣。"据统计，每年我国水果的损失占总产量的15%。因而如何采用优良的技术手段，减少水果产后损失，并在一定的时期内保持果品的新鲜度、品质、营养成分和风味是一个重要问题。

4）畜类原料的贮藏

畜肉是易腐败食品，处理不当就会变质。为延长肉的保质期，不仅要改善原料肉的卫生状况，而且要采取控制措施阻止微生物生长繁殖。原料肉的贮藏保鲜方法正确与否直接影响肉品质量。

（1）冷却保鲜——短期贮藏

冷却保鲜的肉即"冷却肉"，是在一定温度范围内使屠宰后的肉的温度迅速下降，使微生物在肉表面的生长繁殖减弱到最低程度，并在肉的表面形成一层皮膜。冷却保鲜可以减弱酶的活性，延缓肉的成熟时间；减少肉内水分蒸发和汁液流失，延长肉的保存时间。经过冷却的肉类一般应存放在 –1 ~ 1 ℃的冷藏间（或排酸库），一方面可以促使肉成熟（或排酸），使肉有芳香滋味、多汁柔软、容易咀嚼、消化性好，另一方面可以达到短期贮藏的目的。运输、零售时温度应保持在 0 ~ 4 ℃。

图 5.10　畜类原料的贮藏

（2）冷冻保鲜——长期贮藏

冷却肉由于其贮藏温度在肉的冰点以上，微生物和酶的活动只受到部分抑制，因此贮藏期短。当肉在 0 ℃以下冷藏时，随着冻藏温度的降低，肌肉中冻结水的含量逐渐增加，细菌的活动受到抑制。当温度降到 –10 ℃以下时，冻结肉则相当于中等水分食品，大多数细菌在此条件下不能生长繁殖。当温度下降到 –30 ℃时，霉菌和酵母的活动也受到抑制。所以冷冻能有效地延长肉的保质期，防止肉品质量下降，在餐饮业、食品工业、家庭中得到广泛应用。冻藏间的温度一般应保持在 –21 ~ –18 ℃，冻结肉的中心温度应保持在 –15 ℃以下。为减少干耗，冻藏间空气相对湿度应保持在 95% ~ 98%，堆放时也要保持周围空气流通。为了延长冻结肉的保质期，并尽可能地保持肉的质量和风味，世界各国的冻藏温度普遍趋于低温化，从原来的 –21 ~ –18 ℃降为 –30 ~ –28 ℃。但是，冻结肉在冻藏期间也会发生一系列的变化，如质量损失、冰结晶增多、脂肪氧化、色泽变化等，关键是要控制好冻肉的贮藏标准。

5）禽类原料的贮藏

（1）禽肉的贮藏

贮藏禽肉最常用的方法是低温贮藏法。因为低温能抑制酶的活性和微生物的生长繁殖，可以较长时间保持禽肉的组织结构状态。在贮藏前应注意要去尽光禽的内脏，如果是冻禽，应立即冷藏。

光禽和禽肉如能在一星期内用完，可在冷却状态下保存。如鸡肉，在温度为 0 ℃、相对湿度为 85% ~ 90% 的条件下，可贮藏 7 ~ 11 天。

宰杀后成批的光禽或禽肉，如果需要贮藏较长时间，则必须进行冷冻贮藏。即先在温度为 −30 ~ −20 ℃、相对湿度为 85% ~ 90% 的条件下冷冻 24 ~ 48 小时，然后在温度为 −20 ~ −15 ℃、相对湿度为 90% 的环境下冷藏保存。一些资料表明：在 −4 ℃时禽肉可保存 1 个月左右，在 −12 ℃时可保存 4 个月左右，在 −18 ℃时可保存 8 ~ 10 个月，在 −23 ℃时可保存 12 ~ 15 个月。因此，不应一次进货太多，以避免长时间贮藏。

（2）禽蛋的贮藏

引起蛋类腐败变质的因素有温度、湿度和蛋壳上气孔以及蛋内的酶。所以贮藏蛋品时，必须设法闭塞蛋壳上的气孔，防止微生物侵入，并保持适度的温度、湿度，以抵制蛋内酶的作用。鲜蛋的保藏方法很多，餐饮业主要用到的是冷藏法。冷藏法是利用冷藏环境中的低温抑制微生物的生长繁殖和蛋内酶的作用，延缓蛋内的生化变化，以保持鲜蛋的营养价值和鲜度。由于蛋纵轴耐压力的能力较横轴强，鲜蛋冷藏时应纵向排列且最好大头向上。此外，蛋能吸收异味，应尽可能不与鱼类等有异味的原料同室冷藏。

鲜蛋在冷藏期间，较低的室内温度可以延缓蛋的变化。但温度过低也会造成蛋的内容物冻结，甚至膨胀而使蛋壳破裂。根据实际情况，温度一般掌握在 0 ℃左右合适，最低不得低于 −2 ℃，相对湿度应为 82% ~ 87%。在冷藏期间，要特别注意控制和调节温度、湿度，温度忽高忽低，会增加细菌的繁殖速度或使盛器受潮而影响蛋的品质。

冷藏法虽然比其他贮藏方法好，但时间不宜过长，否则同样会使蛋变质。一般在春、冬季，蛋可贮藏 4 个月；在夏、秋季，蛋最多不超过 4 个月就要出库。

图 5.11　禽蛋的贮藏

图 5.12　鱼类原料的贮藏

6）鱼类原料的贮藏

（1）活养与运输

鱼类活养是餐饮业常用的方法。活的淡水鱼适合用清水活养；部分海产鱼可采用海水活养，但因受地域限制运用较少。活养可使鱼类保持鲜活状态，又能减少其体内污染物，减轻腥味。

市场采购的少量新鲜活鱼，可采用密封充氧运输，即以聚乙烯薄膜袋或硬质塑料桶做盛鱼容器，将水和鱼装入袋后充氧密封，用纸板盒包装。运输用水必须清新，运输中要防止袋破漏气，因此可使用双层袋，还要避免太阳暴晒和高温。

（2）低温保鲜

对已经死亡的各种鱼类，以低温保鲜为宜。低温的环境可延缓或抑制酶的作用和细菌繁殖，防止鱼腐败变质，保持其新鲜和品质。鱼类低温保鲜的方法主要有冰藏、冷海水保鲜、冷藏和冷冻等。餐饮业常用的是冷藏和冷冻。

7）调味料的贮藏（图5.13）

为了使菜肴符合要求，必须加强对调味品的贮藏，使之保持纯正品质，便于烹调。如果盛装容器不当、贮藏方法不妥，可能会导致调味品变质或串味，严重影响烹调效果，以致菜肴质量低下，风味全无。

首先，调味品的品种很多，有液体、有固体，还有易于挥发的芳香物质，因此选用器皿时必须注意。有腐蚀性的调料，应该选择玻璃、陶瓷等耐腐蚀的容器；含挥发性的调料，如花椒、大料等应该密封保存；易发生化学反应的调料，如调料油等油脂性调料，在阳光作用下会加速脂肪的氧化，因此存放时应避光、密封；易潮解的调料，如盐、糖、味精等应选择密闭容器保存。碘盐中的碘元素的化学性质极为活泼，遇高温、潮湿和酸性物质易挥发，所以在保存、使用碘盐上应该注意这个问题。

其次，环境温度要适宜，如葱、姜、蒜等，温度高时易生芽，温度太低时易冻伤。温度过高，糖易溶化，醋易浑浊。湿度太大，会加速微生物的繁殖，酱、酱油易生霉，也会加速糖、盐等调味品的潮解；湿度过低，葱、姜等调味品会大量失水，易枯变质。姜接触日光过多易生芽，香料接触空气过多易散失香味等。

图5.13　调味品的保藏

最后，应掌握先进先用的原则。调味品一般均不宜久存，所以在使用时应先进先用，以避免因存放过久而变质。虽然少数调味品如料酒等越陈越香，但开启后也不宜久存。有些大兑汁调料当天未用完，要放进冰箱，第二天重新烧开后再使用。酱油若存放得较久，可在酱油中放几瓣切开的大蒜，就能防止霉菌繁殖，又不失酱油的鲜美味道。如香糟、葱花、姜末等要根据用量进行加工，避免一次加工太多造成原料变质浪费。

5.3.3 餐饮原料的领发控制

餐饮原料由于品种多、数量少、领用频繁，因此，必须建立原料领用制度，明确原料领用规定和审批程序，才能有效控制餐饮原料使用的真实性，保证餐饮企业生产成本的准确性。

加强原料领发管理的目的，一是为了保证厨房生产用料的及时；二是为了有效控制厨房用料的数量；三是正确记录厨房用料的成本。做好原料的领发管理应遵循以下原则：

1）原料要定时发放

仓库保管人员应有充分的时间进行货物验收、仓库整理、库存原料检查等相应工作。为了促进厨房用料的计划性，对原料的领发必须规定时间，做到定时发放。

2）原料领发需履行柜关手续

原料的领用必须坚持凭原料领用单领发原料的原则，这样可以准确记录原料消耗量和价格，便于正确计算厨房用料成本。领料单必须由领料人填写，由厨师长审批签字，仓库保管人员凭单发货。原料领用单为一式三联，一联交回厨房领用部门，一联由仓库管理人员交财务部，另一联由仓库留存。仓库管理人员发货应坚持发货的相关规定，做到无原料领用单不发，领用单未经厨师长审批签字不发，字迹不清楚不发。

小 结

1.餐饮原料的采购方法：预先采购法、即时购买法、择优购买法。

2.餐饮原料的采购程序：递交原料申购单；处理原料申购单；确定原料价格，选择供货商；实施采购，过程控制；处理票据，支付货款；信息反馈。

3.餐饮原料采购价格的控制：限价采购；规定供货单位和供货渠道；竞争报价，择优供货；控制大宗和贵重原料的购货权；提高购货量，改变购货规格；根据市场行情适时采购；减少中间环节。

4.餐饮原料采购数量的空制：易腐或半易腐原料购买数量的多少必须经厨师长签字后确定，以保证原料购买数量的准确性，不易腐原料由库房管理人员根据企业生产经营的情况制订不易腐原料的最佳订货点量来确定采购数量。

5.餐饮原料采购质量的控制：明确常规原料、贵重原料规格质量标准。

6.餐饮原料验收的要求：验收场地的要求，验收设备、工具的要求，验收工作人员的要求，餐饮原料验收程序的要求。

7.餐饮原料验收的方法：按供货发票验收、填单验收。

8.餐饮原料库存管理的基本要求：建立并实施科学的库管制度和方法，确保原料储藏安全；分类储存，确保质量；控制库存原料的数量和时间。

9.不同餐饮原料的贮藏方法：粮食、蔬菜、果品、畜类、禽类、鱼类、调味品。

10.餐饮原料的领发控制：原料要定时发放、原料领发需履行相关手续。

思 考 题

1. 简答题

（1）简述餐饮原料的采购方法。

（2）简述餐饮原料的采购程序。

（3）简述餐饮原料的价格控制。

（4）简述餐饮原料采购质量控制。

（5）简述餐饮原料验收的要求。

（6）简述餐饮原料验收的方法。

（7）简述餐饮原料的领发控制。

2. 问答题

（1）采购人员的要求是什么？

（2）简论禽蛋的结构对贮藏的影响。

（3）已死亡的鱼类用什么方法可以保鲜？为什么？

（4）蔬菜的储存应注意哪些方面？

厨房管理

【知识学习目标】
厨房人员配备，厨房各岗位的职责，厨房布局与设计的要求，厨房生产管理；厨房设备管理，厨房产品卫生管理，厨房安全管理。
【能力培养目标】
了解厨房管理的要求，厨房人员配备与各岗位职责要求，厨房生产、设备、安全管理要求。
【教学重点】
1.厨房各岗位的职责。
2.厨房布局与设计要求。
3.厨房生产管理。
4.厨房设备管理。
5.厨房卫生管理。
6.厨房安全管理。
【教学难点】
厨房布局与设计，厨房业务管理。

任务6.1　厨房人员管理

6.1.1　厨房人员配备

厨房人员配备包括两层含义：一是指满足生产需要的厨房所有员工（含管理人员）人数的确定；二是指厨房生产人员的分工定岗，即厨房各岗位人员合理的选择和配置。厨房人员配备，关系到劳动力成本的投入，厨师队伍士气，厨房生产效率和产品质量的高低，并最终对餐饮企业生产经营的成败有着重大影响。因此，合理配备厨房工作人员是餐饮企业进行正常生产经营的首要条件。

图 6.1　厨房人员

1）厨房生产人员数量配备的要求

不同经营规模、不同经营档次、不同出品质量要求等因素，决定了厨房生产人员的配备各有不同。在确定生产人员数量配备时，必须综合考虑以下因素：

（1）企业经营规模的大小

企业经营接待规模确定厨房生产人员数量的多少。经营接待规模大，生产任务较重，配备的各方面生产人员就多一些；反之，经营接待规模小，厨房生产及服务对象有限，则可少配备一些人员。

（2）厨房的布局和设备

厨房结构紧凑，布局合理，生产流程顺畅，相同岗位功能合并，货物运输路程短，厨房人员可以少一些；厨房多而分散，各加工、生产厨房间隔或相距较远，厨房人员则相应增加。厨房设备性能越先进，配套越合理，功能越全面，就越能够提高工作效率、扩大生产规模；相反，则需多配备人员，才能满足生产的需要。

（3）经营菜式的不同，菜品数量的多少与出品质量要求

不同的菜式确定生产加工人员的数量。快餐、火锅厨房因供应的菜式简单、品种有限，配备的厨房人员比零点或宴会厨房要少。菜肴品种丰富或出品质量要求高的餐饮企业，厨房的工作量会比较大，因此配备的人员较多。

（4）员工的技术水平

员工技术全面、稳定、操作熟练程度强、工作效率高，厨房工作人员可少配；员工技术不全面、技术稳定性不强、新手较多、厨房生产人员就应多配。

（5）餐厅营业时间

餐厅营业时间的长短，与生产人员的配备也有很大的关系。有些餐厅除经营中、晚正餐外，还经营早餐、夜宵或外卖。随着营业时间的延长和业态形式的增加，厨房的班次需增加，人员就应多配。

（6）厨房科学化管理

厨房采用有效的科学化管理，优化劳动力使用，能起到提高工作效率、降低劳动力成本的作用。如有些厨房采用了"6T管理法"和"标准化管理"等管理方法，并根据全餐厅人员工作性质采用了劳动力优化使用方法，从而在相对时间内达到了人员的合理配置。

2）厨房生产人员数量配备的方法

厨房人员数量的配备不是固定的，每个餐厅因各自的特殊性有各自的人员数量配备要求。所

图 6.2　厨房员工

以要找到一个准确的人员配备数据相对较难。为了能够保证餐厅正常经营，同时又不增大劳动力成本，通常采用下列方法来进行人员配备：

（1）按餐位比例确定厨房人员数量

按餐位比例就是按照进餐人数的多少来确定厨房生产人员的多少。这种方法多适用于经营宴会、团队餐的厨房。不同餐位数与厨房人员的配备比例大致为100 ：（9 ~ 11），200 ：（12 ~ 18），300 ：（15 ~ 20），400 ：（20 ~ 26）。

采用这种方法确定生产人员时需注意：所计算在内的生产人员均为操作熟练的技术人员，不包括学徒、清洁工、勤杂工、脱产厨师长等挂职人员。

（2）按岗位比例确定厨房人员数量

为了使厨房生产人员的配备相对准确，采用按岗位比例确定厨房生产人员数量的方法首先应确定好两个比例：一是通过餐位数来确定厨房炉灶岗位人员数量；二是通过炉灶人员数量来确定其他岗位人数。

主要经营中餐零点的餐次厨房炉灶人员与餐位数的比例以1 ：（60 ~ 80）为最佳。主要经营宴会的厨房炉灶人员与餐位数的比例为1 ： 100。确定了炉灶与餐位的关系后，就可以确定炉灶与其他岗位的比例关系。传统厨房生产人员的配备为炉灶1、打荷0.5、砧板0.5、上什0.5、水台0.5、冷菜0.5、面点0.5、杂工0.5。

（3）按工作量确定厨房人员数量

将规模与生产品种既定的厨房，全面分解测算每天所有加工生产制作菜点所需要的时间，累积起来，即可计算出完成当天厨房所有生产任务的总时间，再乘以一个员工轮休和病休等缺勤的系数，除以每个员工规定的日工作时间，便能得出厨房生产人员的数量。公式为：

$$厨房人员数量 = \frac{总时间 \times （1 + 10\%）}{8}$$

6.1.2　厨房各岗位的职责

1）厨师长岗位职责

表6.1　厨师长岗位职责

岗位名称	厨师长
直接上司	餐饮部经理
管理对象	厨房所有生产人员
职责概述	负责厨房的组织、指挥、协调、技术指导、运转管理工作；负责食品成本控制；菜品设计创新，组织加工生产，确保食品卫生安全，为企业创造最佳的社会效益与经济效益
具体职责	①组织指挥厨房各项生产管理工作，监督菜点制作，按规定的成本生产优质菜点 ②负责制订厨房规章制度、工作计划、培训计划、操作程序与规范、作业标准、消防安全等管理性、技术性文件

续表

具体职责	③负责菜单设计、菜品价格制订、菜品创新 ④协调厨房跟其他相关部门之间的关系，根据厨师的业务能力和技术特长，合理进行人员工作安排和调动 ⑤负责厨房员工考勤考核工作，对员工工作进行评估 ⑥负责菜点质量检查、控制，并为高规格以及重要顾客的菜点亲自进行烹制 ⑦对厨房原料的申购、验收、领料、使用情况进行检查与控制 ⑧及时掌握市场信息，主动征求顾客以及前厅等部门对厨房产品质量的意见，督导实施改进措施，负责处理客人对菜点质量方面的投诉 ⑨督导厨房各岗位清洁卫生，确保食品、生产及个人卫生，防止食物中毒事故的发生 ⑩检查厨房安全生产情况，及时清除各种隐患，保证设备设施及员工的操作安全 ⑪参加饭店及餐饮部各类会议，确保会议精神的贯彻执行 ⑫做好业务交流，技术培训，做好传、帮、带、组织员工提高操作技艺

2）炉灶岗位职责

炉灶岗位在厨房中分为头炉、二炉、三炉、四炉。各个炉灶岗位有各自的工作职责和技术要求。炉灶岗位的负责人由头炉兼任，是厨房生产技术管理人员之一。

表 6.2　头炉岗位职责

岗位名称	头炉
管理层级关系	直接上级：厨师长　　直接下属：炉灶厨师
职务简述	控制、监测并领导整个炉灶的运作，保证清洁卫生
主要职责	①负责炉灶岗位所有员工的思想状况和工作安排、考勤考核，做好本组与其他部门的配合、协调工作 ②熟悉菜单，能合理调配打荷、炉灶、上什等岗位工作；督促本组其他员工做好开餐前的准备工作 ③负责调制本岗位所有调味汁，确保口味统一 ④把握好菜点质量关，做好现场指挥与临时人员的调配工作；带领员工按规格烹调，保证生产的有序和菜品的质量 ⑤能亲自制作各种名贵宴席菜品和特殊风味菜品及高档工艺菜品 ⑥督促本组员工节约能源，合理使用调料，降低成本，减少浪费 ⑦负责本组员工的技术培育与传授工作 ⑧负责检查本组员工所属工作区域的清洁卫生和个人卫生，检查本组员工对设备设施及用具的维护、保养情况；对需要维修或添补的设备和用具提出报告和建议 ⑨督促本组员工做好收尾工作，确保无安全事故发生 ⑩参与菜单、菜谱调整和新菜品开发

表 6.3　炉灶厨师岗位职责

岗位名称	炉灶厨师
管理层级关系	直接上级：头炉（炉灶领班）
职务简述	负责各种菜品的烹调、清洁卫生、菜品质量、设备设施安全

续表

主要职责	①遵守各项规章制度，能与各工种协作配合，完成本岗位承担的工作任务 ②熟练掌握炉灶各种烹调操作技术，调制各类调味汁，烹制出的菜品符合质量要求 ③每天根据业务需要，做好开餐前的准备工作，做余焯、汤汁熬制工作，保证出菜时间与质量 ④每日在头炉的带领下，协助切配岗位完成半成品加工工作 ⑤每日负责对各类调味品、味汁等进行检查，确保质量 ⑥爱护设备设施，注意水、电、气、油的节约使用，减少物品损耗，控制好成本 ⑦做好个人及岗位、区域清洁卫生和收尾工作，避免发生安全事故

3）切配岗位职责

切配岗位在厨房中分为头墩、二墩、三墩和四墩。各个切配岗位有各自的工作职责和技术要求。切配岗位的负责人由头墩兼任，头墩子有"掌脉师"之称，是厨房生产技术管理人员之一。

表 6.4 头墩岗位职责

岗位名称	头墩
管理层级关系	直接上级：厨师长　　直接下属：切配厨师
职务简述	主要负责配制宴会、零餐食品的半成品制作，菜品配份，原材料申购、验收
主要职责	①负责切配岗位所有员工的思想状况和工作安排、考勤考核，做好本组与其他部门的配合、协调工作 ②根据营业情况，合理分配本组员工进行各项切配工作；督导员工按标准切配，合理用料，准确配份，控制成本，保证接收订单与出品正常进行 ③督促组员做好食品原料的保管工作，负责检查每日原料的库存数量和质量，准确进行原料申购与验收 ④检查本组员工的个人卫生与生产区域卫生，冰箱清理，确保食品安全，督促员工做好收尾工作 ⑤督促本组员工做好设备、设施的维护保养和保管工作，确保无安全事故发生 ⑥负责各类名贵菜品半成品的切配工作 ⑦每日及时开出特推菜品清单，供前台销售

表 6.5 切配厨师岗位职责

岗位名称	切配厨师
管理层级关系	直接上级：头墩
职务简述	主要负责配制宴会、零餐食品的半成品制作，菜品配份
主要职责	①遵守各项规章制度，加强与初加工和采购人员的工作配合，完成本岗位的工作任务 ②熟悉并掌握各类菜肴的切配制作技术，熟练掌握各种原料刀工处理方法，按标准要求进行切配

续表

主要职责	③计算好各类菜肴原料用量，控制成本，合理配料；按烹饪先后程序保障炉灶烹制需要 ④对需要储备和冷冻的原料进行分类收捡，标明用途，加强管理，保证原料的新鲜度 ⑤严把原料质量关，不加工腐烂变质与不符合卫生要求的原料 ⑥爱护各类设施设备，注意节约使用水、电、气、油，减少物品损耗，控制成本 ⑦做好个人及岗位、区域清洁卫生和收尾工作，确保无安全事故发生

4）初加工（水台）岗位职责

水台岗位是中餐厨房的 7 大工种之一，负责鱼类、海鲜的宰杀清洗，蔬菜、动物类等原料的整理清洗工作，帮助厨师做好预备原料的前期准备工作。

表 6.6　初步加工（水台）岗位职责

岗位名称	初步加工（水台）
管理层级关系	头墩
职务简述	按技术要求进行原料初步加工，保证原料食品卫生，把好质量关。
主要职责	①遵守各项规章制度，加强与炉灶、墩子和采购人员的工作配合，完成本岗位的工作任务 ②对加工原料把好质量关，坚决不加工腐烂变质的原料 ③对每日初加工的原料做到无渣、无异物、无沙，及时把清洗加工好的原料送达到厨房 ④严格遵照菜肴质量要求与操作技术规范要求进行原料初加工、清洗，确保原料清洁、卫生、安全 ⑤做好个人及岗位、区域清洁卫生和收尾工作，确保无安全事故发生 ⑥节约使用各类原料及水、电、气

5）打荷厨师岗位职责

打荷厨师岗位是中餐厨房的 7 大工种之一，是中餐厨房里技术要求非常全面的杂工。负责将切配好的原料腌渍调味，挂糊上浆，辅助炉子进行烹制、协助厨师进行菜肴造型等工作。此岗位在大型中餐厨房中分有荷王（打荷领班）、打荷厨师。

表 6.7　打荷领班岗位职责

岗位名称	打荷领班（荷王）
管理层级关系	直接上级：厨师长或头炉　　直接下属：打荷厨师
职务简述	保证菜肴及器皿、用具的清洁卫生，保证菜品质量，出菜准确。
主要职责	①负责打荷岗位所有员工的思想状况和工作安排、考勤考核，做好本组与其他部门的配合、协调工作 ②根据营业情况，合理分配本组员工进行各项打荷工作；督导员工按标准进行菜肴装饰原料、盛器和调味料等准备工作，合理用料，控制成本 ③督促本组员工做好菜品预制加工，保证菜品派送烹制与出品正常进行，确保器皿整洁、菜品造型、菜品酱料跟碟符合要求

主要职责	④督促本组员工做好原料保管、申购与验收工作 ⑤检查本组员工个人卫生与生产区域清洁，检查器皿卫生、器皿储藏柜清洁卫生，督促员工做好收尾工作 ⑥督促员工做好设备、设施的维护保养工作，确保无安全事故发生 ⑦负责名贵菜肴的打荷工作

表6.8　打荷厨师岗位职责

岗位名称	打荷厨师
管理层级关系	直接上级：荷王
职务简述	按技术要求进行原料腌渍调味，挂糊上浆，准确传递需烹制菜肴，做好菜肴装饰及造型
主要职责	①负责菜肴烹制前的传递和烹制后的美化工作 ②备齐每餐所需餐具，并保持整洁 ③按上菜和出菜顺序及时传送已切配好的原料和烹制好的菜肴 ④提前为烹制好的菜肴准备适当的器皿，按要求进行盘饰 ⑤配合炉灶师傅出菜，保证菜肴整洁美观 ⑥严格遵守食品卫生制度，杜绝变质菜肴 ⑦随时保持工作区域卫生和个人卫生 ⑧做好设备、设施的维护保养工作和收尾工作，确保无安全事故发生

6）上什岗位职责

上什在中餐厨房中又叫"蒸锅""笼锅""水锅"。

表6.9　上什（笼锅）岗位职责

岗位名称	上什（笼锅）
管理层级关系	直接上级：厨师长或头炉
职务简述	按技术要求进行干货原料涨发、煲炖汤水、蒸制菜品和预制加工
主要职责	①负责干货原料的领用涨发，确保质量 ②开餐前做好设施设备安全检查工作和清洁卫生，备好各类餐具、盘饰原料、调料、味汁并确保餐具整洁、原辅调料新鲜 ③对蒸制原料进行精细刀工处理、腌制，为开餐做好准备 ④预制各类汤水和菜品 ⑤做好与炉灶岗位之间的菜品传送工作 ⑥按技术规范操作要求进行菜品烹制，确保质量，控制成本 ⑦随时保持工作区域卫生和个人卫生 ⑧做好设备、设施的维护保养工作和收尾工作，确保无安全事故发生

7）冷菜岗位职责

冷菜岗位是厨房的一个部门，冷菜在行业中又叫"先行官""打门槌"，对餐厅整个菜品质量的高低起着"脸面"的作用。由于冷菜品种十分丰富，因此在中型以上的餐厅必须设有专人制作，冷菜分为主厨、助手。冷菜与采购、炉灶、传菜组工作联系紧密。

表 6.10　冷菜主厨岗位职责

岗位名称	冷菜主厨
管理层级关系	直接上级：厨师长　直接下属：冷菜助手
职务简述	负责冷菜菜品制作、冷菜间管理，保证出品质量
主要职责	①负责冷菜岗位所有员工的思想状况和工作安排、考勤考核，做好本组与其他部门的配合、协调工作 ②根据营业情况，合理分配本组员工进行各项冷菜制作工作；督导员工按标准制作冷菜，确保冷菜的口味、装盘形式等符合要求；负责制作调味汁；确定合理用料，准确配份，控制成本，保证接收订单与出品正常进行 ③做好食品原料的保管工作，负责检查每日原料，菜品的库存数量和质量，力求当天菜品当天出售，准确申购验收原料 ④检查本组员工的个人卫生与生产区域卫生，冰箱清理，确保食品安全，督促员工做好收尾工作 ⑤督促本组员工做好设备、设施的维护保养和保管工作，确保无安全事故发生 ⑥负责各类高档菜品的制作、花色拼盘的拼摆，开发新菜品

表 6.11　冷菜助手岗位职责

岗位名称	冷菜助手
管理层级关系	直接上级：冷菜主厨
职务简述	菜品制作，确保质量
主要职责	①协助冷菜主厨开展工作，负责普通零餐菜品的收汁、拌制、卤制及调味汁的制作 ②合理用料，准确配份，控制成本，保证接收订单与出品正常进行 ③负责各种生、熟原料的收捡工作，冰箱整理，原材料的申购和领用 ④负责装盘、围边、点缀等工作，负责开市前原料、器皿领用、初步加工 ⑤负责每日工作后的清洁卫生、水电安全检查，确保无安全事故发生

8）面点岗位职责

面点岗位也是厨房岗位中的重要组成部分，它在丰富整个餐厅的供应品种及宴席配点方面起着重要的作用。因此，面点厨师应具备一定的技艺水平，能辅佐热菜菜品，使整个菜品达到完美。面点分主厨、助手。面点与炉灶、传菜组工作联系紧密。

表 6.12　面点主厨岗位职责

岗位名称	面点主厨
管理层级关系	直接上级：厨师长　直接下属：面点助手
职务简述	负责面点菜品制作、面点间管理，保证出品质量和出品及时有序
主要职责	①负责面点岗位所有员工的思想状况和工作安排、考勤考核，做好本组与其他部门的配合、协调工作 ②负责督促本组员工进行原料申购、验收、领用、加工工作，根据菜单要求让员工做好开餐前准备工作和收尾工作

续表

主要职责	③随时检查冰箱、冷柜原料储藏情况，确保原料质量，控制成本，杜绝浪费 ④带领员工按操作规范进行菜点制作，确保菜点出品质量、出品及时准确 ⑤督导组员维护好设施、设备，并及时进行设施、设备添补和维修 ⑥检查本组员工个人卫生与生产区域、器皿、设备清洁卫生 ⑦负责各类高档菜点的制作和新菜品开发

表6.13 面点助手岗位职责

岗位名称	面点助手
管理层级关系	直接上级：面点主管
职务简述	负责普通菜点的制作、清洁卫生、收尾工作，设备设施安全
主要职责	①协助主厨开展工作，负责普通菜点制作，馅料、面皮等的预制加工 ②合理用料，准确配份，控制成本，保证接收订单与出品正常进行 ③负责各种生、熟原料的收捡工作，冰箱整理，原材料的申购和领用 ④负责开市前原料、器皿领用、初步加工、区域清洁卫生、设施设备检查 ⑤负责每日工作后的清洁卫生、水电安全检查，确保无安全事故发生

任务6.2 厨房的布局与设计

6.2.1 厨房布局与设计的要求

厨房布局与设计是指为了生产经营的需要，对餐饮企业厨房内部各生产区域进行科学规划、设施设备合理搭配，以利于安全生产、清洁卫生、维护保养、能源降耗、提高工作效率而采取的方法和措施。

不同经营特色的厨房在布局与设计上有细小的区别，但从提高生产效率、控制能源消耗、卫生安全等方面来看，厨房布局与设计有着共性的要求。合理的厨房布局设计应遵循以下原则：

①厨房布局设计应满足经营菜式和安全生产的需要。

②严格掌握生熟分开、洁污分流、干湿分区的原则，确保厨房饮食卫生。

③厨房加工、生产、出口流程简短顺畅，避免迂回交叉，尽量缩短输送流程，提高工作效率，路径分明。

④厨房各生产功能区域划分清晰，既相互独立又利于相互沟通，便于厨师各司其职、分工合作。

⑤厨房内设备配置安装合理，集中使用能源，设备能做到优化组合，便于各部门兼用，利于操作、清洁与维护保养。

⑥厨房内部空间合理，利于操作人员走动，视线开阔，便于操作，方便管理。

⑦厨房内排烟、采光照明、走水、温度、噪声控制等设施设备性能完好，工作环境舒适。

6.2.2 厨房的布局

厨房布局是指根据厨房的建筑规模、形式、格局、生产程序及各部门的作业关系，来确定厨房各部门的位置及设施分布。

为实现合理的厨房布局，应对企业的经营规模、经营特色等项目进行仔细研究，然后根据其企业经营发展的需要，保证有足够的厨房面积，并根据防疫卫生、操作安全、易于运转等多方面的要求，对厨房进行合理分配（如热菜间、冷菜间、面点间等），然后根据所分配的面积，进行设施布局。

合理的厨房布局应按区域化"流水线"布局法，要与厨房的工作流程相适应，要有利于各工种之间的联系，有利于厨房生产管理，可分为热菜区域、冷菜区域、面点区域、水案（初加工）区域、原料保管储藏区域和更衣区域等。有条件的还可增加办公区域及洗手间区域等。

1）厨房位置的确定

①厨房必须设在远离污染源的地方，以确保厨房环境卫生。

②厨房必须设在有利于消防控制的地方。

③厨房必须设在利于水、电、气接入的地方，以节省建设投资。

④厨房必须设在距离居民区较远的地方，防止噪声、油烟扰民。

⑤厨房必须设在利于原料进入和垃圾清运的地方。

⑥厨房各部门和餐厅应尽可能地在同一楼层，利于菜品传送，工作沟通。

2）厨房面积的确定

厨房面积对厨房的生产安全、菜品质量至关重要。厨房面积过小，不利于操作，也会影响员工的情绪；面积过大，不利于工作效率的提高，也不利于降低经营成本。合理确定厨房的整体面积以及各生产区域的面积应充分考虑企业经营菜式、厨房生产量、设备设施的先进性等因素。我们常用下列方法确定中式正餐厨房面积。

表6.14　中式正餐厨房面积　　　　　　　　　　单位：平方米

餐饮类型	名　称	比　例
中式正餐	餐位数：厨房面积	1：（0.5 ~ 0.8）
中式正餐	餐厅面积：厨房面积	100：（60 ~ 65）
中式正餐	企业总面积：厨房面积	100：20

3）厨房布局类型

（1）直线型布局

所有炉灶、炸锅、蒸炉、烤箱等加热设备均做直线型布局。

（2）相背型布局

把主要烹调设备（如烹炒设备和蒸煮设备）分别以两组方式背靠背地组合在厨房内，中间以一矮墙相隔，置于同一抽排烟罩下，厨师相对而站，进行操作。

（3）L形布局

将设备沿墙壁设置成一个犄角形，通常是把煤气灶、烤炉、扒炉、烤扳、炸锅、炒锅等常用设备组合在一边，把另一些较大的（如蒸锅、汤锅等）设备组合在另一边，两边相连成一犄角，集中加热排烟。

（4）U形布局

将工作台、冰柜以及加热设备沿四周摆放，留一出口供人员、原料进出，甚至连出品也可开窗口接递，从而形成U形布局。

在厨房布局时应充分考虑厨房内设备摆放与工作空间的关系，厨房还应提供足够的工作空间，厨房人员在厨房内的占地面积不得小于每人1.5平方米。

6.2.3　厨房的设计

厨房操作人员良好工作环境的营造需要好的厨房设计，主要包括厨房采光、通风、排水、温度、噪声等设计。厨房设计的好坏，对提高生产效率、菜点质量起着重要的作用。

图6.3　厨房设计

厨房设计的总要求：

1）采光

在烹调过程中，离不开良好的光源，否则必然会影响技术水平的发挥，影响菜品质量。因此，在布局时应尽可能地采用自然光源，如果自然光源不足，就必须安排合理的灯光照明。

2）通风

良好的通风是烹调过程中必须考虑的因素。因此厨房应有适当的高度，以利于自然通风，厨房的高度应在4米左右，同时顶部应进行防火、防污、防潮处理。厨房通风也可采用排气扇通风的办法。在进行机械通风设计时要充分考虑通风管道、排风扇、排气罩与炉灶、光源位置合理分布，使厨房始终能保持空气流通，减少水蒸气的滞留，降低温度，减少油烟和有害气味，并能有效利用能源。

3）排水

在初加工的过程中，厨房的地面会沉积水，在进行加热处理的过程中有很多环节需要用水，所以给排水是否通畅也是厨房布局所不可忽视的问题，在地面进行设计时应做到既平整，又有一定的坡度，地面中间应稍高，两边微低，坡度保持在15‰～20‰，使水能自然流于排水沟中，避免产生积水现象。厨房排水沟的深度也应适宜，要防止水的逆流，并严密加盖。同时下水口要有隔渣网，以防止鼠虫和小动物的侵入。还应充分考虑油水分离设备的使用。

4）噪声和温度

噪声易分散工作人员的注意力，过高的温度易使工作人员消耗较多的体力，使人心情烦躁。因此，在厨房设计时应尽可能地使用消音材料和隔热材料。

5）方便

厨房的设计要遵循货源购进、原料加工、菜肴操作、出菜方便的原则。厨房内部通道、灶具、菜墩的高矮、宽窄均应以方便加工、顺手好使为前提。同时，还可以从安全角度去考虑，一旦发生事故，要便于疏散。

6）卫生

合理的厨房布局，必须便于做清洁卫生，尽量减少藏垢死角，各设施间要留有一定空隙；墙砖贴面高度应在2米以上或满贴，应平整光洁，色泽清爽干净，便于清洗或揩抹；厨房地面与墙体的交接处应采用圆角处理，便于用水冲洗地面时，垃圾可及时冲出，无杂物污垢积存；厨房所使用的设施应选择平整光滑、不易锈腐的材料。工具以易于清洗、保持洁净的为好。

6.2.4 厨房作业间设计布局

厨房作业间是厨房不同工种相对集中的作业场所，从事中式正餐的厨房一般分别设有加工作业间、烹调作业间、冷菜作业间、面点作业间等。

图6.4 厨房作业间

1）加工作业间设计布局要求

①应设置在利于原料进入和垃圾清运的地方。

②应有足够的空间和相应加工、储藏设备。

③作业间与其他作业间要有方便原料运输的通道。

④不同性质原料的加工场所要合理分隔，以保证互不污染。

2）烹调作业间设计布局要求

①应与餐厅尽可能在同一楼层，利于菜品及时传送。

②必须有足够的冷藏和加热设备。

③排烟、通风、采光、排水、温度等控制效果要好。

④配份与原料烹调传递便捷。

3）冷菜作业间设计布局要求

①具备两次更衣条件，有自动喷水洗手设施。

②室内温度利于菜品及原料保管，室内有消毒杀菌和防鼠虫的设施设备。

③配备足够的冷藏设备和环保加热设备。

④有菜品展示区，出菜便捷。

4）面点作业间设计布局要求

①配有足够的负责蒸、煮、烤、炸等的设备。

②抽排油烟、蒸汽效果要好。

③便于出菜或与其他部门沟通联系。

6.2.5　中餐厨房相关部门设计布局要求

1）备餐间设计布局要求

①应处于餐厅、厨房过渡地带。

②应有足够的空间和存放餐饮用具台柜和加热消毒设施。

2）洗碗间设计布局

①应靠近餐厅、厨房，并力求与餐厅在同一平面。

②应有良好的冲洗、浸泡、消毒、脱水设备。

③有符合卫生要求且数量充足的餐具储藏台柜。

④洗碗间通风、排水、湿度控制效果要好。

⑤利于餐饮用具传送。

3）热食明档操作台布局设计要求

热食明档操作台是厨房烹调工作在餐厅的延伸，其具体表现形式通常有餐厅现场煲汤、氽焯时蔬、菜肴烤制等，有时也作为一种表演形式出现。

①明档设计要整齐美观，清洁卫生，进行无后台化处理。

②操作简单，使用安全，易于观赏。

③油烟、噪声、温度不扰客。

④菜品相对集中，利于展示，便于顾客取食。

4）原料库房布局设计要求

①应设在利于原料进、出且不影响正常生产经营的地方。

②阳光不直射，光线充足，无阴暗潮湿，洁净卫生。

③门窗设计具有防盗，防雨，防病虫、老鼠进入的功能。

④货柜、货架、整理箱、隔地台、计算机、计量器等用于货物摆放、登记入账的用具应齐全。

⑤地面、墙面、房顶平实洁净；各区域划分合理，有进出货口，利于操作。

任务6.3　厨房业务管理

6.3.1　厨房生产管理

厨房生产管理是厨房现代化管理的重要组成部分。一方面，厨房生产的产品质量决定企业在市场中的竞争力和影响力，特别是随着时代的进步，经济的发展，若对菜品质量高低的评定标准仍用色、香、味、形、器这几项指标来进行评定，则已远远跟不上人们生活水平不断提高后对菜肴提出的更高要求。因此，注入营养、卫生、艺术、快捷等新的因素，不断提高生产各环节中的技艺水平是厨房生产管理中的首要任务。另一方面，厨房生产管理的好坏，与企业的效益有着十分密切的联系，菜品的成本和企业的利润很大程度上受厨房生产管理水平的影响。同时，厨房生产管理也围绕提高厨房各工种协调配合运行的能力进行。各工种有序地运行必须依靠管理才能形成协调一致的有效劳动。如果没有相应的生产管理，各个工序会脱节，各项技术工种的联系将会混乱。只有当烹调技术与厨房生产管理很好结合时，才能保证餐厅经营业务活动有效地进行下去。因此，提高各工种的烹饪技艺水平，控制好生产各环节中的成本，杜绝浪费，加强协同配合运行的能力，提供高品质的菜肴、优质的服务、舒适的就餐环境是厨房生产管理的核心任务。厨房生产管理主要包括以下几个方面：

图6.5　厨房生产管理

1）前期准备阶段管理

①根据餐饮企业生产经营菜式特点实施标准化管理。制订标准化菜谱和操作规范，统一生产出品标准，集中学习培训，确保菜点质量与成本控制符合企业要求。

②明确岗位职责，确定生产重点岗位和生产关键环节。落实各项岗位工作职责，将厨房所有工作进行合理安排。工作任务和工作要求落实到班组和岗位，明确责、权、利。并做好各岗位之间的协调工作。根据各自岗位的具体任务要求，确定重点岗位和关键环节，配备与岗位技艺水平要求相适应的人员，加强对重点岗位和关键环节的生产管理和质量评定，将产品质量与奖罚挂钩。

2）产品生产阶段管理

①采购、验收管理。严格按照采购标准采购各类烹饪原料及调辅料。在验收过程

中，应认真仔细验收原料，保证验收质量；加强原料储存管理，确保原料在库存过程中质量不受影响。

②加工过程管理。做好各工种开餐前准备工作；严格按标准化菜谱要求对不同原料进行初步加工和刀工处理；根据配份的配制要求，做到质和量、器皿、装饰的准确搭配；根据烹调成熟阶段的质量要求，做到规范操作，准确烹调，不符合质量标准的原料不烹制；做好菜品质量监督，控制好出菜程序。

③结束阶段管理。收齐各类出品订单，做好各类原辅调料的收检工作并妥善保管，检查冰箱、冰柜及各类储藏用具是否正常工作，确保原料保管，对生产区域和各类用具进行彻底清洁，关好水、电、气和门窗，确保安全，为第二天生产做好相应工作。

3）重大餐饮活动生产管理

①确定活动主题和宾客人员的结构。重大餐饮活动，首先应充分考虑宾客的结构，以及宴会的主题，结合原料库存和市场供应情况，制订宾客可以接受又符合厨房生产的菜单。

②精心组织各类原料，调整厨房技术力量，安排工作任务，检修厨房设备。厨房技术骨干必须承担重要岗位的烹调任务，把好质量关。厨房还应设专门指挥人员，进行统一安排和指挥。重大餐饮活动，要确保出菜次序。

③做好活动后期工作。重大餐饮活动结束以后，应及时处理和收藏剩余原料及成品，搞好厨房卫生，恢复正常生产状态。同时，要主动征求宾客意见，为以后承办活动积累经验。

6.3.2　设备管理

厨房设备的有效管理不仅是企业从事正常生产的需要，同时还是保障员工生产安全、降低成本的前提。有效的厨房设备管理必须做好以下几项工作：

1）厨房设备管理的基本要求

（1）制订设备管理制度

针对厨房生产及各岗位工作的特点，制订具体有效的设备管理培训使用制度，规范各设备操作规程、建全设备资料档案。

图 6.6　厨房设备管理

（2）规范设备操作程序及保养要求

根据不同设备的特点，规范设备操作前检查程序、使用操作程序、停机检查程序、设备保养要求，严禁违章操作。

（3）明确设备使用者的管理责任

在设备管理中做到专人使用、定期维护、固定位置，并建立健全使用维护档案。

（4）适时更新设备

适时增添更换先进设备，利于提高工作效率，保证产品质量，同时还可以节省老化设备频繁使用带来的高额维修费。

2）常用厨房设备使用管理方法

（1）加工设备

锯骨机、切片机、去皮机等加工设备使用完毕后应立即对各部件进行清洗并擦拭干净，清洗过程要防止水渗入电机中；定期打磨、更换刀片、锯条、磨盘；随时检查各联结点的牢固状况，有无润滑油泄漏；每次使用前就对电源插头、电线实施检查，保证使用安全；使用过程中发现异常响声应立即关机、报修，不得自行修理。

（2）冷藏设备

冷藏设备实行专人标示化管理。在使用过程中不应频繁开启冷藏设备的门或开门时间过长；物品陈列应整齐，留有适当距离，利于冷空气流通，保证制冷效果；热食品应冷却后进入冷藏设备；冷藏设备应定期进行除霜清洗，严禁使用硬物铲除结冻物品；冷藏设备内不得存放酸、碱和腐蚀性化学物品以及挥发性大或有异味的物品；冷藏设备应固定摆放在远离热源、阳光直射、潮湿的地方；随时对制冷剂、制冷管道、电源等部件进行检查。

（3）加热设备

①炉灶设备。每日做好清洁，保持炉面光洁，排水顺畅，确保炉膛内无杂物，火眼畅通，经常检查管道接口、开关，防止煤气泄漏，使用完毕后先关总阀后关分阀。

②蒸汽设备。使用前检查阀门是否完好，出气孔是否畅通，压力表是否正常；严格按操作规范进行操作；加热结束后，关闭气阀，确定压力为零时才开箱取物；做好清洁卫生。

③烤制设备。使用专用插座、线路，放置位置远离洗涤区，避免受潮；定期对各部件进行检查，清洁烤箱时应断电操作，不可用硬物或腐蚀性强的溶液擦拭内部反射板；烤制食物时应先预热，关严箱门。

④微波炉设备。应放置在通风远离磁性物质的地方；炉内未放置食物时不得通电工作；用于盛放的器皿符合微波炉加热要求；加热时关好炉门，不得加热带封闭包装或带壳的食物；经常保持清洁卫生，清理时需断电操作。

⑤电磁炉设备。电源线符合要求，放置平稳，出气孔畅通，锅具重量与炉具承载力符合，操作时应轻拿轻放，炉面有损伤时应暂停使用。

6.3.3 厨房卫生管理

厨房卫生是指厨房生产中厨师个人、食品原料、厨房环境等方面均处于洁净而不受污染的状态。厨房卫生管理是生产过程中不可忽视、始终需要强化的重要内容，它对餐饮行业具有一票否决的作用。厨房卫生管理需要贯穿原料选择、加工生产、烹调制作和销售服务的全过程。

1）厨师个人卫生

厨师个人卫生习惯是指厨师在从事厨房生产活动时养成的、不容易改变的、有效避免食品污染的行为，主要包括厨师的仪容仪表、日常行为规范和操作卫生规范等内容。同时每一位厨师还必须熟悉《中华人民共和国食品安全法》和《餐饮业食品卫生管理办法》的相关内容。

①仪容仪表标准是衡量厨师容貌、着装、行为等非技能因素的准则，是厨房食品卫生与安全的基础，是体现厨房卫生管理效果的窗口。

图6.7　厨房卫生检查

②操作卫生规范对保持厨房卫生、降低劳动消耗、提高生产效率有不可小觑的作用。例如，工具用后及时擦洗并放回原处；烹调作业中尽量减小作业面，减少污染；随手清理作业面，随时清理下脚料等。

2）食品原料卫生

食品原料卫生的好坏，关系到消费者的身体健康，关系到企业的经济效益和社会效益，是厨房卫生管理工作中的重点之一。做好食品原料卫生管理工作应做到以下几点：

①建立健全厨房各生产间操作卫生制度与操作规范标准、厨房日常卫生管理制度、厨房卫生检查制度、食品原料卫生安全预案等规章制度。

②定期组织员工学习食品原料卫生相关法律、食品原料卫生安全知识、烹调操作规范、食品原料卫生安全预案。

③采取定人、定时、定岗、定片区、包干落实食品原料安全责任制并做到随时检查、督促，落实责任到各环节，奖罚分明。

④严格管理好采购、保管、加工、烹调过程中的各道工序操作规范与卫生质量要求。采购原料应保证新鲜卫生，妥善保管，勤进勤出，保证质量。操作时应严格按照操作规范要求进行，不加工烹制变质食品，原料配搭得当，加热致熟，设备用具保证清洁卫生。

⑤加强对化学物品的管理，如碱、食品添加剂、白矾、胆水等化学物品，应分类存放，专人保管，专人使用，并应有明显标示。

3）厨房环境卫生

厨房工作区域包括加工间、热菜烹调间、冷菜间、面点间等。

①加工间通常是在常温条件下工作，由于处在原料的最原始阶段，泥土多、血水多、污物多、异味大是加工间工作环境的基本特点。禁止泥土、血水、污物、异味进入下一道工序，是保证加工间卫生的基本要求。

②热菜间的环境温度偏高，油烟重、水汽重、湿度大。生熟分开，防止微生物污染，为餐厅提供符合国家卫生标准的菜品是保证热菜间卫生的基本要求。

119

③冷菜间的产品性质特殊，防止食品微生物的交叉污染是保证冷菜间卫生的基本要求。

④面点间的地面通常无水渍、油渍，但面粉、面粒、面糊有时会散落在地面上。因此，确保面点间地面洁净是保证面点间卫生的基本要求。

6.3.4 厨房安全管理

由于各种现代化的机器设备进入厨房，因此应熟悉各种设备、设施的性能及操作过程，尽量避免因操作不当造成的人为安全事故。减少企业不必要的经济损失，也是厨房管理的一个重要内容。厨房安全生产管理应注意下列几个方面的问题：

①建立健全各项安全生产管理制度、安全操作规范、安全预案，落实到位，职责到人，奖罚分明。

②定期进行安全生产操作和消防安全演练，确保安全。

③地面要求始终保持清洁和干燥，防止跌伤。行走路线要明确，避免交叉碰撞，禁止在厨房蹦跳，在高处取物或做高处清洁时要用梯子（不能用桌椅），厨房地面不得有障碍物，以免跌伤。同时，工作时应按要求着工作装。

④搬运重物时采取正确的方法，避免扭伤。

⑤正确使用各类烹调设备和用具，遵守操作规程。使用蒸锅或蒸汽箱时，首先应关闭阀门，再揭盖。容器中盛装热油或热汤时要适量，只能占锅内80%左右。煮锅中搅拌食物要用长柄勺，防止卤汁或油水溅起烫伤。放置时应放在安全的地点。严禁在灶炒间热源处戏闹。锅内烧油时人应不离开，以免引起火灾。

⑥厨房电器设备增多容易引起电击伤，所以不能用湿手接触电源，不得擅自拆卸维修，任何电源、电器设备要专人专修，发现问题应立即切断电源，并马上报告处理。

⑦使用天然气、煤气、柴油等灶具时，应随时检查气路、油路是否通畅，是否漏电、漏气，发现问题应及时检修，使用后要关好阀门，避免漏油、漏气而发生意外事故。

⑧定期清洗厨房设备，防止排油烟机、通风管道等积存油污。

⑨实施"五常管理法"形成良好习惯。

小 结

1. 厨房人员数量的配备：应按餐位比例、岗位比例、工作量进行确定。

2. 厨房岗位众多，但其主要职责是能满足本岗位技术能力要求，合理控制原料，降低成本，讲究清洁卫生确保食品安全、生产安全，各岗位接口顺畅，保证生产经营的正常开展。

3. 厨房布局与设计要求：合理的厨房布局与设计应按区域化"流水线"进行布局，要与厨房的工作流程相适应，要有利于各工种之间的联系，有利于厨房安全、生产管理，有利于工作人员的身心健康，且环保低能耗。

4.厨房在生产管理上应做好生产前期准备阶段管理、产品生产阶段管理、重大餐饮活动生产管理等工作。

5.厨房设备管理应制订完善的设备管理制度，规范设备操作、保养要求，明确管理职责，适时更新设备。

6.厨房卫生管理是餐饮卫生管理中最为重要的环节，应在厨师个人卫生、食品原料卫生，以及厨房环境卫生等方面，建立健全各项卫生制度与操作规范标准，采取定人、定时、定岗、定片区的办法，始终如一地保持厨房产品清洁、无菌、无毒的良好状态。

7.厨房安全生产管理要求：建立健全各项安全生产管理制度、安全操作规范，定期进行安全生产和消防演练，确保生产区域整洁，按操作规范正确使用各类设备，定期维护清洗。

思考题

1. 简答题

（1）厨房生产人员数量配备的要求是什么？

（2）厨房生产人员数量配备的方法是什么？

（3）厨房布局与设计的原则是什么？

（4）厨房设计的总要求是什么？

（5）厨房的生产管理方法是什么？

（6）厨房设备管理的基本要求是什么？

2. 问答题

（1）厨房卫生管理的要求是什么？

（2）厨房安全生产管理的要求是什么？

項目 **7**

餐厨管理专业英语

任务7.1 餐饮服务用语

7.1.1 Dialogues（餐饮服务基本用语）

1）Reservations and Serving Guests（预订与迎客）

Dialogue A: Making Reservation〈电话预订〉（**W: Waiter，G: Guest**）

W：Hello，the Rose Restaurant. May I help you?

G：Hello，I'd like to book a table for tonight，please.

W：What time would you like your table?

G：At around six o'clock.

W：How many people do you want a table for?

G：Well，a table for ten people.

W：OK，Sir. A table for ten people at six o'clock，is that right?

G：Yes. And I want to have a booth by the window.

W：Certainly，Sir. We'll arrange it for you.

G：Thank you.

W：It's my pleasure. Sir，may I have your name and your telephone number，please?

G：Sure. It's Wang and my number is 139×××××××.

W：Thank you for calling and we look forward to seeing you.

Dialogue B: Meeting & Greeting Services Ⅰ〈餐厅迎客Ⅰ：有预订〉（**W：Waiter，G: Guest**）

W：Good evening. Do you have a **reservation**?

G：Yes. We've got a reservation. The name is Wang.

W：Let me see. Yes，Mr. Wang，you've book a booth. This way please. I will show you to your table.

G：How about the **charge** of a booth?

W：An extra 100 yuan for service charge.

G：OK. Please bring me the menu. We are ready to **order**.

W：Here is the menu. The waiter will **be at your service** at once.

图 7.1　英语对话

Dialogue C: Meeting & Greeting Services Ⅱ〈餐厅迎客Ⅱ：无预订〉（**W：Waiter，G: Guest**）

W：Good evening. Do you have a reservation?

G：No. We're just arrived here. Is there any table **available** now?

W：How many people are there in your party，sir?

G：Six.

W：I am very sorry. There is only one table for four left. Please **take a seat** in the waiting area.

G：Your service is really good. But how long do we have to wait?

W：I guess we can **offer** a table for you in 10 minutes. Do you want to wait?

G：Of course.

（About 10 minutes later.）

W：We can **seat your party** now，Sir. Is this all right?

G：Yes，it's fine. Thank you.

W：I'm so glad you like it. Take a seat please. Here is the menu. The waiter will be at your service at once.

2）Serving Dishes（席间服务）

Dialogue A: Taking a Order and Serve the Dishes〈点菜与上菜〉（**W: Waiter，G: Guest**）

W：Would you like to order now，Sir?

G：I will order later.

W：Please take your time.

……

G：Waiter.

W：Yes. May I take your order now，Sir?

G：Yes. I'd like to try some Chinese food.

W：We serve excellent Chinese food. What are your favorite Chinese foods?

G：I like hot food. So could you give me some suggestions?

W：Most Sichuan dishes are spicy and hot. Would you like to try?

G：I see. Well，what do you **recommend** then?

W：I would recommend the Mapo beancurd and shredded meat in chili sauce if you like pork dishes，or the poached sliced beef in hot chili oil if you like beef dishes.

G：Right，we'll have these three dishes you recommended with this and this to follow.

W：Would you like a soup?

G：Yes，Tomato and egg soup.

W：Would you like rice with your meal?

G：Yes.

W：Sir，you have ordered a poached sliced beef in hot chili oil，a shredded meat in chili sauce，a Mapo beancurd，a spicy chicken，a sautéed lettuce and a tomato and egg soup，is that right?

G：Yes.

W：What kind of drink would you like?

G：Give us some orange juice.

W：OK. Your order will be with you very soon.

（Once a later）

……

W：Excuse me. There are your dishes，Sir.

G：Yes.

W：This is complete **course**. If you would like any **additional** dishes or anything else，please call me. Take your time and enjoy it.

Dialogue B: Handing Complaints〈处理抱怨〉（**W: Waiter，G: Guest**）

G：Waiter! I have a small problem.

W：What would you like me to do?

G：It's very noisy here.

W：I will find you another table.

G：Waiter，the glass is dirty.

W：I am sorry. I will change it right away.

G：Waiter!

W：Is there anything wrong with your order，Sir?

G：This food tastes strange. This is not the right **flavor**. I'd like a **discount**.

W：I'm very sorry，Sir. Please wait a moment. I'll ask the chef to explain to you.

……

W：If you don't like the taste of it，perhaps I could get you something else?

G：Could I have some **toothpicks**，please?

W：Certainly，Sir. I'll bring you some.

3）Bills（账单）

Dialogue A: In Cash〈现金支付〉（**W: Waiter，G: Guest**）

G：Waiter，I'd like to **settle my bill**，please. How much is it?

W：Yes，Sir. Just a moment，please. I'll **calculate** that for you. Here is your bill. It's 490 yuan in all. How would you like to pay，in cash or by credit card?

G：I'll pay in cash, Do I pay here or at the **register**?

W：You may pay at your table，Sir.

G：Here you are. May I have the **receipt**，please?

W：Certainly. Sorry for the **delay**，Sir. Here is your change.

图 7.2　交流

G：Keep the change，please.

W：It's very kind of you，Sir. But it's no **tips** here.

W：Thank you for dining with us. Hope to see you again.

Dialogue B: Credit Card〈信用卡支付〉（**W: Waiter，G: Guest**）

G：Waiter，I'd like to **settle my bill**，please. How much is it?

W：Yes，Sir. Just a moment，please. I'll **calculate** that for you. Here is your bill. It's 500 yuan in all.

G：Do you accept this **credit card**?

W：Yes，Sir. May I take a print of your card?

G：Here you are.

W：Please sign your **full name** at the bottom.

G：Here you are.

W：This is your **copy**，Sir.

W：Thank you for dining with us. Hope to see you again.

图 7.3　英语服务

Words & Phrases

book [buk] *v.* 预订

booth [bu:ð] *n.* 包间

reservation [ˌrezə'veiʃn] *n.* 预约

charge [tʃɑ:dʒ] *n.* 费用

order ['ɔ:də] *n.* 命令；点菜

available [ə'veiləbl] *adj.* 空闲的

offer ['ɔfə] *v.* 提供

recommend [ˌrekə'mend] *v.* 推荐

course [kɔ:s] *n.* 一道菜

additional [ə'diʃənl] *adj.* 额外的

a table for ten 一张供十人使用的桌子

be at your service 为你效劳

take a seat 就座

seat your party 安排座位

complaint [kəm'pleint] *n.* 抱怨

flavor ['fleivə] *n.* 风味，口味

discount ['diskaunt] *n.* 折扣

calculate ['kælkjuleit] *v.* 计算

cash [kæʃ] *n.* 现金

register ['redʒistə] *n.* 登记处，柜台

receipt [ri'si:t] *n.* 收据

delay [di'lei] *n.& v.* 延期，耽搁

tip [tip] *n.* 小费   credit card   信用卡

copy ['kɔpi] *n.* 副本，存根   settle my bill   结账

toothpicks   牙签   full name   全名

in cash   用现金

7.1.2　Useful Terms and Words　（餐厅服务常用英语词汇）

1）Restaurant Utensils（餐厅用具）

table   餐桌   fork   餐叉

table cloth   桌布   rice bowl   饭碗

tea-pot   茶壶   chopstick   筷子

tea set   茶具   soup spoon   汤匙

tea tray   茶盘   cup   杯子

caddy   茶罐   glass   玻璃杯

coffee pot   咖啡壶   wine glass   酒杯

coffee cup   咖啡杯   champagne tulip   香槟杯

paper towel   纸巾   mug   马克杯

napkin   餐巾   cruet   调味瓶

hand towel   毛巾   pepper shaker   胡椒瓶

dish   碟   salt cellar   盐瓶

plate   盘   fruit plate   水果盘

saucer   小碟子   toothpick   牙签

knife   餐刀   ashtray   烟灰盅

2）Foods Name（食物名称）

（1）Main Food and Snacks（主食和小吃）

rice   米饭   bread   面包

rice porridge   粥   cake   蛋糕

noodle   面条   egg   鸡蛋

wonton   馄饨   toast   吐司

dumpling   饺子   croissant   可颂，牛角面包

steamed bread   馒头   doughnut   甜甜圈

Chinese steamed bun   包子   waffle   松饼

steamed bread roll   花卷   pizza   比萨

fried bread stick   油条   cereal   燕麦

milk   牛奶   spring roll   春卷

pancake   煎饼   apple pie   苹果派

pudding　布丁

cookies　曲奇

popcorn　爆米花

（2）Meat（肉类）

pork　猪肉

beef　牛肉

mutton　羊肉

fish　鱼

chicken　鸡肉

duck　鸭肉

goose　鹅

pigeon　鸽子

rabbit meat　兔肉

winkles　田螺

bacon　培根

（3）Vegetable（蔬菜）

tomato　番茄

potato　马铃薯

cabbage　卷心菜，甘蓝

red cabbage　紫色包心菜

Chinese leaves　大白菜

celery　芹菜

mushroom　蘑菇

eggplant　茄子

cucumber　黄瓜

asparagus　芦笋

bamboo shoot　竹笋

chard　大叶甜菜

turnip　萝卜，芜菁

carrot　胡萝卜

radish　小红萝卜

mooli　白萝卜

sweet corn　甜玉米

cauliflower　白花菜

broccoli　西兰花

onion　洋葱

scallion　大葱

ice cream　冰激凌

milk shake　奶昔

sausage　香肠

ham　火腿

sea food　海鲜

abalone　鲍鱼

scallop　扇贝

prawn　虾

lobster　龙虾

peeled prawns　虾仁

crab　蟹

sea cucumber　海参

oyster　牡蛎，生蚝

green onion　青葱

shallot　小红葱

garlic　大蒜

ginger　姜

leek　韭菜

mustard　芥菜

chilli　红辣椒

green pepper　青椒

red pepper　红椒

yellow pepper　黄椒

lettuce　莴苣菜

rape　油菜

spinach　菠菜

coriander　香菜

laver　紫菜

pumpkin　南瓜，倭瓜

wax gourd　冬瓜

towel gourd　丝瓜

balsam pear　苦瓜

lotus root　莲藕

day lily　黄花菜

peas　豌豆

bean　蚕豆

mung bean　绿豆

green bean　四季豆

snow pea　荷兰豆

pole bean　豇豆

（4）Fruit（水果）

apple　苹果

pear　梨子

banana　香蕉

grape　葡萄

lemon　柠檬

peach　桃子

orange　橙

strawberry　草莓

mango　杧果

pineapple　菠萝

kiwi　奇异果

starfruit　阳桃

honeydew-melon　蜜瓜

cherry　樱桃

date　枣子

litchi　荔枝

longan　桂圆

grapefruit　葡萄柚

（5）Wine and Drink（酒水）

wine　葡萄酒

red wine　红葡萄酒

white wine　白葡萄酒

white spirits　白酒

yellow rice or millet wine　黄酒

beer　啤酒

draft beer　生啤酒

stout beer　黑啤酒

cognac　干邑

brandy　白兰地

whiskey　威士忌

eddo　小芋头

taro　大芋头

sweet potato　番薯

beansprots　绿豆芽

soybean sprouts　黄豆芽

fennel　茴香

coconut　椰子

fig　无花果

apricot　杏

plum　李子

watermelon　西瓜

loquat　枇杷

mulberry　桑葚

pomegranate　石榴

permission　柿子

peanut　花生

chestnut　栗子

blueberry　蓝莓

papaya　木瓜

guava　番石榴

water chestnut　荸荠

Hami melon　哈密瓜

melon　香瓜

greengage　青梅子

rum　朗姆酒

vodka　伏特加

sherry　雪莉酒

gin　金酒

champagne　香槟

sake　日本清酒

cocktail　鸡尾酒

mineral water　矿泉水

tea　茶

green tea　绿茶

black tea　红茶

scented tea　花茶

coffee　咖啡

juice　果汁

cola　可乐

sprite　雪碧

soda water　苏打水

任务7.2　酒店厨房用语

7.2.1　Titles Used in the Kitchen（厨房岗位英语）

1）Name of the Titles Used in the Kitchen（厨房岗位名称）

Executive chef　行政总厨

Sous chef　副厨

Larder chef　肉类主厨

Soup chef　汤类主厨

Vegetable chef　蔬菜类主厨

Pastry chef　糕点主厨

Grill cook　烧烤类厨师

Fish cook　鱼类厨师

Night cook　晚上上班的厨师

Staff cook　烹饪员工伙食的厨师

Relief cook　替班厨师，后补厨师

Commis　厨师助理

Apprentice　厨房学徒

Butcher　屠宰师傅

Kitchen **clerk**　厨房文书人员

Pantryman　厨房储藏室管理员

Kitchen **porter**　厨房搬运员

Steward　清洁工

Bus boy　传菜员

2）Useful Sentences in Kitchen（厨房常用语）

Dialogue A: Making Salad〈制作色拉〉

Apprentice：What are we going to do?

Chef：We'll make a salad.

Apprentice：Should I start with the tomatoes?

Chef：Yes. Please **squeeze** juice out of the tomatoes.

Apprentice：I have already done.

Chef：Good. Did you **break** eggs?

Apprentice：No. Not yet. I'll do it quickly.

Chef：Break three eggs，please. **Mix** the eggs with a little salt.

Apprentice：How much salt should I add?

Chef：A half **teaspoon** of salt.

Apprentice：Do we need onions for the salad?

Chef：Yes. Please cut the onions into rings.

Apprentice：No problem.

图 7.4 厨房英语

Dialogue B: Making Soup〈制作汤〉

Apprentice：What do you want me to do?

Chef：I want you to slice the mushrooms.

Apprentice：Are we going to make a soup?

Chef：Yes. First cook the chicken.

Apprentice：How should I cook them?

Chef：Cook it in vegetable oil.

Apprentice：Should I cook it in a **stew** pan?

Chef：Yes. After that, **add** water into the stew pan.

Apprentice：How many cups of water should I add?

Chef：This cup, eight and a quarter cups of water. And then add the mushrooms, onions and garlic. Let it boil for one minute.

Apprentice：The soup is boiling now.

Chef：Fine. Then **reduce the heat**. **Cover** the soup and **simmer** it.

Apprentice：For how long?

Chef：For two hours. Don't let the **ingredients** get over boiled.

Apprentice：Two hours are up. Should I **remove** the soup from the stew pan?

Chef：Yes.

Dialogue C: Making Eggplant Dip〈制作茄酱〉

Apprentice：What do you need?

Chef：Bring me fifteen eggplants, and I need a frying pan.

Apprentice：Here you are. What will we use the eggplants for?

Chef：Make some eggplant **dip**. Now **cut** the onions **into fourth**. Do you get it?

Apprentice：Yes.

Chef：Next, **peel** ten **cloves** of garlic.

Apprentice：I already cut the onions and peeled the garlic.

Chef：Good. Then prick the eggplants with a fork.

Apprentice：I did that.

Chef：Excellent! We also need lemon juice.

Apprentice：OK. I will bring it.

Chef：Put the eggplants，onions，garlic，lemon juice，and olive oil in the blender.

Apprentice：It's easy.

图 7.5　厨房英语

Words & Phrases

executive [ig'zekjutiv] *adj.* 行政的

chef [ʃef] *n.* 大厨

sous chef [su:z] *n.* 副厨

larder ['lɑ:də] *n.* 肉储藏室

pastry ['peistri] *n.* 糕点

grill [gril] *n.* 烧烤

staff [stɑ:f] *n.* 职员

relief [ri'li:f] *n.* 救济

commis [kɔ:'mi] *n.* 助理

apprentice [ə'prentis] *n.* 学徒

butcher ['butʃə] *n.* 屠宰师傅

clerk [klɑ:k] *n.* 文书

pantryman ['pæntrimən] *n.* 食品管理员

porter ['pɔ:tə] *n.* 搬运员

steward ['stju:əd] *n.* 服务员

squeeze [skwi:z] *v.* 挤，榨

break [breik] *v.* 打

mix [miks] *v.* 混合

teaspoon ['ti:spu:n] *n.* 茶匙

stew [stju:] *v.* 炖

add [æd] *v.* 加入

cover ['kʌvə] *v.* 盖上

simmer ['simə] *v.* 慢炖

ingredient [in'gri:diənt] *n.* 原料

remove [ri'mu:v] *v.* 盛出

dip [dip] *n.* 蘸酱

peel [pi:1] *v.* 剥

cloves [kləuv] *n.* 蒜瓣

reduce the heat 关至小火

cut ... into fourth 切成四等份

7.2.2　Cooking Vocabularies（烹饪词汇）

1）Condiments（调味品）

oil　油

sesame oil　芝麻油

chilli oil　辣椒油

peanut oil　花生油

salad oil　色拉油

vegetable seed oil　菜籽油

olive oil　橄榄油

soy bean oil　豆油

lard　猪油

butter　黄油

salt　盐

sea salt　海盐

spiced salt　椒盐

paste　酱

broad bean paste　豆瓣酱

sweet soybean paste　甜面酱

tomato sauce　番茄酱

soy　酱油

oyster sauce　耗油

curry　咖喱

apple sauce　苹果酱

mixed sauce　什锦酱

sugar　糖

cube sugar　方糖

raw sugar　赤砂糖

white sugar　白糖

brown sugar　红糖

malt sugar　麦芽糖

honey　蜂蜜

cheese　奶酪

vinegar　醋

distilled vinegar　白醋

pepper power　胡椒粉

garlic　大蒜

garlic bulb　蒜蓉

ginger　姜

gourmet powder　味精

mustard　芥末

gravy　肉汁

brown sauce　红烧汁

2）Common Cooking Methods（常用烹饪方法）

boiled　水煮

stewed　炖，煲，焖

stewed in water　把食物放在水中煲

stewed out of water　隔水炖

stewed in gravy　卤

simmered　炖，煨

braised　烧，焖

braised with soy sauce　红烧

grill　铁板烧

barbecued　烤

fried　炒

quick-fried　爆

pan-fried　煎

deep-fried　炸

twice-cooked　回锅

dry deep-fried　干炸

soft deep-fried　软炸

crisp deep-fried　酥炸

baked　烘

broil　高温烤

steamed　蒸

smoked　熏

casserole　砂锅煲

fried-simmered　扒

roasted　烧腊

caramelized　拔丝的

sashimi　刺身

sauté　油泡，煎嫩的

scalded　白灼

char　烧焦

quick boil　余

pickled　腌制

rinsed　涮

in hot sauce　干烧

in tomato sauce　茄汁

in black bean sauce　豆瓣

in rice wine　糟熘

with fish flavor　鱼香

with sweet and sour flavor　糖醋

3）Flavor（味道／口感）

milder 味淡的，不强烈的	stimulant 刺激的
salty 咸的，咸味的	pungent 辛辣的
hot 辣的	insipid 无味的
sour 酸的，酸味的	tough 老的
bitter 苦的，有苦味道的	tender 嫩的
sweet 甜的，含糖的	tasteless 淡的
spicy 有香料的，香的	acrid 涩的
greasy 油腻的，多脂的	starchy 糊的
crisp 松脆的，易脆的	soft 软的
light 清淡的	hard 硬的
heavy 味重的	

7.2.3　Kitchen Utensils（厨房用具）

1）Name of the Kitchen Utensils（厨房用具名称）

pan 平底锅	oyster knife 牡蛎餐刀
frying pan 煎锅	palette knife 抹刀
sauté pan 炒锅	paring knife 削皮刀
stew pan 炖锅	steak knife 牛排刀
braising pan 焖锅	steel 磨刀棒
stockpot 汤锅	chopping board 砧板
pressure cooker 压力锅	fish scissor 鱼剪
bain marie 双层蒸锅	poultry shear 家禽剪
saucepan 长柄煮锅	stove 炉灶
fish kettle 煮鱼锅	egg beater 打蛋器
colander 滤锅	meat grinder 绞肉机
cover 锅盖	oven 烤箱
filter 滤网	roasting tray 烤盘
kettle 水壶	liquidizer 榨汁机
chopper 菜刀	grater 研磨器
chopper 切肉刀	food blender 食物搅拌器
cleaver 大切肉刀	fridge-freezer 冰箱
cook's knife 厨师刀	microwave 微波炉
boning knife 去骨刀	food processor 食品加工机
cheese knife 起司刀	dishwasher 洗碗机
pizza cutter 切比萨刀	corkscrew 开塞钻
carving knife 切肉餐刀	sieve 筛网

skimmer　漏勺

ladle　长柄勺

rolling pin　擀面杖

wooden spoon　木匙

serving spoon　分菜匙

mallet　木槌

culet bat　拍肉板

tenderizer　肉槌

measuring cup　量杯

sandwich tongs　三明治夹

roasting fork　烤叉

skewer　烤肉叉

basting brush　烤肉刷

frying basket　油炸篮

mixing bowl　搅拌碗

soup tureen　汤碗

hot pad　防热垫

cloche　餐盘罩

2）Cooking Verbs（工序英语）

（1）Fish（处理鱼类）

rinse　清洗

cut off　切除

cut open　剖开

scale　去鱼鳞

gut　取出内脏

flake　切成薄片

（2）Meat（处理肉类）

bone　去骨

lard　塞入油脂

decorate　装饰

tie up　绑紧

beat　拍打

flatten　拍平

（3）Paste（处理面团）

rub　揉

knock back　揉打

twist　扭转

fold　折叠，卷

braid　做成麻花状

knead　揉捏

stretch　拉长

roll out　擀

flatten　擀平

unroll　展开

shape　塑

divide　分成等份

wrap　包

prick　刺孔

crosshatch　划出格子状

scrape up　刮

（4）Cake（制作蛋糕）

ice　上糖霜

layer　抹上

spread　抹上去

line　沿……切边

flour　洒面粉

smooth　抹平

loosen　松开

turn out　取出

（5）Others（其他）

wring out　扭干

dry　擦干

bring　拿些

get　拿些

fix　准备

prepare　准备

make　做	marinate　腌
weigh　称	soak　浸
refrigerate　冷藏	open　开
scrub　搓洗	test　检查
wash　洗	melt　融化
clean　清洗	heat　加热
soak　浸泡	preheat　预热
steep　浸泡	reheat　重新加热
carve　切	lower　降低
shred　磨成细条状	prick　刺出小洞
slice　切片	stick　刺进
chop　切成细末	pull up　拔出
mince　剁碎	refrigerate　冰
dice　切丁	sharpen　磨利
split　切开	boil　水煮
peel　剥，削	bake　烘烤
seed　去籽	grill　烤
grate　磨	toast　烤
crush　捣碎	fry　炸，煎
grind　磨碎	sauté　嫩煎
mush up　捣成泥状	simmer　慢炖
serrate　刮丝	braise　炖
tear　撕	steam　蒸
stir　拌	pour　倒
toss　搅拌	empty　倒出
mix　混合	cool　冷却
stuff　塞入	scoop up　铲
fill up　装满	surround　边缘放
squeeze　挤	spoon　用汤匙舀
drain　沥干	put on　淋上
strain　过滤	season　加调味料
skim　捞	bread　撒面包屑
sift　过筛	sprinkle　洒上
add　加入	transfer ... to a plate　装盘
brush　刷	hand　递给
butter　抹奶油	serve　上菜
salt　撒盐	cover　盖起来

小 结

　　本项目主要介绍了餐厨服务与管理过程中常见的专业英语词汇和常用的交流方式，专业词汇量较大，专业性较强。学生在学习时需要多熟悉专业词汇，掌握基本交流方式，并且加强口语练习，才能在今后的工作中熟练运用。

思 考 题

1. Recite the dialogues and practice them with your classmates in and after class.

2. Translate the following phrases.

（1）boiled egg

（2）fruit knife

（3）tea cup

（4）peel an apple

（5）cut it into thirds

（6）焖牛肉

（7）把食物盖起来

（8）蒸米饭

（9）制作蛋糕

（10）炸鸡

3. Fill the blanks with the sentences that you've studied.（W：Waiter，G：Guest）

（1）G：What kind of food do you serve？

　　　W：_____ .（我们提供中餐服务。）

（2）W：Are reservations necessary？

　　　G：Yes. _____ .（我想预订今晚6：30的一张4人桌。）

　　　W：Just moment，Sir. I'll check our reservation list.

（3）W：_____ ?（请问您有预订吗？）

　　　G：Yes.

（4）W：_____ .（请入座。）A waiter will come to take your order.

　　　G：OK.Thank you.

（5）W：_____ ?（您准备好要点餐了吗？）

　　　G：Yes, I'd like an American Breakfast.

（6）W：_____ ?（请问你们想喝点什么吗？）

　　　G：Do you have something soft？

（7）G：Which do you recommend ?

      W：_____ .（如果你们喜欢吃猪肉的话，我会
建议您点这道糖醋猪肉〈the sweet and sour pork〉。）

（8）G：The bill，please?

      W：Thank you for waiting，Sir._____.（这是您的
账单，一共是 1 200 元。）

4. Translate the following sentence into Chinese.

（1）What should I do with this fish?

_____

（2）What is the best way to cook vegetables?

_____

（3）Where should I put the chicken?

_____

（4）What are you going to chop?

_____

（5）Can you show me how to use it?

_____

5. Role-play：work with your classmates.

（1）The guest has just taken the seat. The waiter comes over and suggests that there are some specialties for the dinner.

（2）The chef want to make the Beef Steak Chinese Style，and he needs the apprentice give him some help. Then do a role-play with your partner.

参考译文

任务1

1. 预订与迎客

Dialogue A：电话预订（W：服务员，G：顾客）

W：您好！这里是玫瑰餐厅。有什么需要我帮忙吗?

G：你好，我想预订一张今天晚上的餐桌。

W：您想什么时候用餐？

G：6 点左右。

W：请问你们有几位用餐？

G：嗯，10 位。

W：好的，先生。您要预订今晚 6 点的一张 10 人桌，是吗?

G：是的。并且我想要一个靠窗的包间。

W：好的，先生。我们会为您安排。

G：谢谢。

W：不用谢。请问我能知道您贵姓和您的电话号码吗？

G：当然。我姓王，我的电话号码是 139××××××××。

W：感谢您的来电，我们期待您的光临。

Dialogue B：餐厅迎客Ⅰ：有预订（W：服务员，G：顾客）

W：晚上好！请问您有预订吗？

G：是的，我有预订。我姓王。

W：我看看预订单。是的，王先生您预订了一个包间。请这边走，我带您去您的包间。

G：包间如何收费？

W：每间多收 100 元的服务费。

G：好的，请把菜单给我们，我们准备点菜了。

W：请您先看菜单，服务员马上来为您服务。

Dialogue C：餐厅迎客Ⅱ：无预订（W：Waiter，G：Guest）

W：晚上好！请问您有预订吗？

G：没有，我们刚到。你们这儿现在有空位吗？

W：先生，你们一共几位？

G：6 位。

W：很抱歉，现在就剩下一张 4 人桌了，请你们先到等候区坐一下吧。

G：你们的服务真周到，但是我们要等多久呢？

W：我想我们能在 10 分钟内为你们提供服务。你们愿意等一会儿吗？

G：当然愿意。

（大约 10 分钟后）

W：先生，我们现在能为你们提供服务了。请问坐这张桌子行吗？

G：还不错，谢谢。

W：很高兴您满意，请坐。请您先看菜单，服务员马上来为您服务。

2. 席间服务

Dialogue A：点菜与上菜（W：服务员，G：顾客）

W：先生，现在要点餐吗？

G：我待会儿再点。

W：请慢慢看。

……

G：服务员。

W：先生，要点餐吗？

G：是的，我们想试一下中餐。

W：我们这里有很好的中国菜。你们最喜欢什么样的中餐菜肴？

G：我喜欢吃辣的。你有什么好的建议吗？

W：大多数的川菜都比较辣，你们想试一试吗？

G：我知道了。你有什么好的推荐吗？

W：如果你们喜欢吃猪肉的话，我推荐麻婆豆腐和鱼香肉丝；如果你们喜欢吃牛肉的话，我推荐水煮牛肉。

G：好的，我们先点你推荐的三道菜，还要这个和这个。

W：想要来点汤吗？

G：是的，西红柿鸡蛋汤。

W：要米饭吗？

G：是的。

W：先生，你们一共点了水煮牛肉、鱼香肉丝、辣子鸡、麻婆豆腐、炒生菜、番茄鸡蛋汤，是吗？

G：是的。

W：想要喝点什么吗？

G：给我们来点橙汁。

W：好的，你们点的菜很快就会送来。

（一会儿……）

W：打扰了，这些是你们点的菜。

G：是的。

W：菜上齐了。如果您还想要加菜的话，请叫我。请慢慢享用吧！

Dialogue B：处理抱怨（W：服务员，G：顾客）

G：服务员，我有个小问题。

W：有什么需要我效劳的吗？

G：这儿太吵了。

W：我帮您换另一张桌子吧！

G：服务员，这个杯子有点脏。

W：对不起，我立刻给您换个干净的。

G：服务员！

W：你们的菜品有什么问题吗，先生？

G：这个菜尝起来有点怪。这个味道不对，我要求打折。

W：非常抱歉，先生。请稍等，我叫厨师来给您解释一下。

……

W：如果你们不喜欢这道菜的味道，我可以帮你们换点别的吗？

G：能给我一点牙签吗？

W：当然可以，先生。我马上给您拿来。

3. Bills（账单）

Dialogue A：现金支付（W：服务员，G：顾客）

G：服务员，我想结账。多少钱？

W：好的，先生，请稍等。我帮您算。这是您的账单，一共 490 元。请问您是付现金还是刷信用卡？

G：我付现金。我要在这儿还是到柜台付款？

W：可以就在这儿付款，先生。

G：给你钱，请给我收据好吗？

W：当然可以。让您久等了，先生，这是找您的零钱。

G：不用找了。

W：先生，非常感谢您，但是这儿不收小费。

W：谢谢在本店用餐，欢迎下次光临。

Dialogue B：信用卡支付（W：服务员，G：顾客）

G：服务员，我想结账。多少钱？

W：好的，先生，请稍等。我帮您算一下。这是您的账单，一共 500 元。

G：你们接受这种信用卡吗？

W：接受，先生。我可以帮您刷卡吗？

G：给你。

W：请将全名签在最下面。

G：好了。

W：先生，这是您的副本存根。

W：谢谢在本店用餐，欢迎下次光临。

任务2

厨房常用语

Dialogue A：制作色拉

Apprentice：我们现在要做什么？

Chef：我们要做色拉。

Apprentice：先来点西红柿吗？

Chef：是的。西红柿榨成汁。

Apprentice：我榨好了。

Chef：很好。你打鸡蛋了吗？

Apprentice：还没有，我马上去打。

Chef：请打 3 个鸡蛋，再加一点盐。

Apprentice：我应该加多少盐？

Chef：半茶匙。

Apprentice：色拉需要洋葱吗？

Chef：是的，请把洋葱切成卷。

Apprentice：没问题。

Dialogue B：制作汤

Apprentice：你准备做什么？

Chef：我要切蘑菇。

Apprentice：我们要做汤吗？

Chef：是的。先煮鸡肉。

Apprentice：我应该怎么煮？

Chef：用植物油煮。

Apprentice：我应该使用炖锅吗？

Chef：是的，之后加水煮。

Apprentice：我应该加多少水？

Chef：这个杯子，$8\frac{1}{4}$ 杯水。然后加入蘑菇、洋葱和大蒜，煮沸 1 分钟。

Apprentice：汤煮沸了。

Chef：好的，现在转成小火，盖上锅盖慢炖。

Apprentice：炖多久？

Chef：两个小时，不要让材料煮过头了。

Apprentice：两个小时到了，我要把汤从炖锅中盛出来吗？

Chef：是的。

Dialogue C：制作茄子酱

Apprentice：你需要点什么？

Chef：拿 15 个茄子给我，再拿一个煎锅。

Apprentice：给你。我们要用这些茄子做什么？

Chef：做一些茄子酱。现在去把洋葱切成四等份。你知道怎么做吗？

Apprentice：是的。

Chef：接下来，剥 10 瓣大蒜。

Apprentice：我已经切好洋葱并剥好大蒜了。

Chef：很好，接下来用叉子在茄子上戳些洞。

Apprentice：我戳好了。

Chef：很好。我们还需要柠檬汁。

Apprentice：好的，我马上去拿。

Chef：把茄子、洋葱、大蒜、柠檬汁和橄榄油一起放入食物搅拌机里。

Apprentice：这很容易。

参考答案

2.

（1）水煮蛋

（2）水果刀

（3）茶杯

（4）削一个苹果

（5）切成三等份

（6）stewed beef

（7）cover the food

（8）to steam the rice

（9）making cake

（10）fried chicken

3.

（1）We serve excellent Chinese food.

（2）I want a table for 4, for 6: 30 this evening.

（3）Do you have a reservation?

（4）Please take your seat.

（5）Are you ready to order?

（6）Would you like some drink?

（7）I would recommend the sweet and sour pork if you like pork dishes.

（8）Here is your bill. It's 1 200 yuan in all.

4.

（1）请问我该怎样处理这条鱼?

（2）烹饪蔬菜的最佳方式是什么?

（3）鸡肉要盛到哪里?

（4）你要切什么?

（5）可以示范如何使用吗?

項目 **8**

餐饮部业务表单

【知识学习目标】

　　了解餐饮部业务表单的种类，掌握各种表单的填写和使用方法。

【能力培养目标】

　　掌握餐饮部业务表单中，服务员日常使用的表单的填写和使用方法。

【教学重点】

　　1. 点菜单。

　　2. 订餐单。

　　3. 宴会通知单。

　　4. 宴会预订单。

　　5. 酒店宴会菜单。

【教学难点】

　　业务表单的使用。

任务8.1　认识餐饮部业务表单

8.1.1　点菜单

表 8.1　点菜单

No. 00001

餐　厅：　　　　　　桌　号：　　　　　　人　数：

菜　名	份　数	备　注

服务员：　　　　　　日　期：　　　　　　时　间：

8.1.2 订餐单

表 8.2 订餐单

年 月 日

姓 名				
用餐地点				
用餐时间				
形 式		人 数		
		桌 数		
标 准		联系人电话		
备 注				

填单人: 填单时间: 年 月 日

8.1.3 宴会通知单

表 8.3 宴会通知单

No.00001

主办单位				宴会标准	
举办时间		举办地点		宴会桌数	
宴会人数		主桌人数		次桌人数	
宴会菜单					
酒水要求					
台形要求					
音响要求		席签要求			
横幅要求					
出菜速度		司机人数		司机标准	
结账方法		联系人		联系电话	

经手人: 填发日期: 年 月 日

8.1.4 食品原料领用单

表 8.4 食品原料领用单

食品原料领用单

No.00001 _____年_____月_____日

品　名	规　格	单位	数　量		单　价	金　额	备　注
			申请数量	实发数量			
合计		仟　佰　拾　元　角　分			￥：		

保管员：　　　　　　审批人：　　　　　　领用人：

8.1.5 食品原料内部调拨单

表 8.5 食品原料内部调拨单

食品原料内部调拨单　　　　No.00001

调出部门_____ _____年_____月_____日

品　名	规　格	单位	数　量		单　价	金　额	备　注
			申领数量	实发数量			
合计		仟　佰　拾　元　角　分		￥：			
调出部门审批				调入部门审批			

制表：　　　　　　仓库：　　　　　　调入经手人：

8.1.6　餐厅每餐／日营业收入日报表

表 8.6　餐厅每餐／日营业收入日报表

_____餐厅每餐／日营业收入　　　　　　　　　　日期 _____

当天	营业收入	桌数	人数	食品收入	单据	饮品收入	单据	其他收入	单据	桌均消费	人均消费
早餐											
中餐											
晚餐											
合计											

累计	营业收入	桌数	人数	食品收入	单据	饮品收入	单据	其他收入	单据	桌均消费	人均消费
早餐											
中餐											
晚餐											
总数											

当天	现金收入	批次	记账收入	批次	有价券收入	批次	其他收入	批次	内部消费	批次	当天小计
早餐											
中餐											
晚餐											
合计											

当月	现金收入	批次	记账收入	批次	有价券收入	批次	其他收入	批次	内部消费	批次	当月累计
早餐											
中餐											
晚餐											
总数											

制表：

8.1.7 餐厅酒水进销存日报表

表8.7 餐厅酒水进销存日报表

盘存日期:

序号	品名规格	单位	领入	销售			结存	序号	品名规格	单位	领入	销售			结存
				数量	单价	金额						数量	单价	金额	
1								6							
2								7							
3	洋酒							8							
4								9							
5								10							

8.1.8 设备用品物品盘存报表

表8.8 设备用具物品盘存报表

盘存日期:

区 域	物品用具名称	保管人	原有数量	上次数量	盘存数量	减少或破损原因	措 施	备 注
合计								
		复核		实物责任人				

8.1.9 食品原料验收单

表8.9 食品原料验收单

日 期	食品名称	数量	食品质量	入库时间	出库时间	食品质量差情况处理	厨师长签名

8.1.10　宴会、会议预订记录表

表 8.10　宴会、会议预订记录表

　年　　月　　日

编号	主办单位	人数	桌数	标准	时间	餐厅	联系人	电话	付款方式	备注

会议厅	会议名称	人数	时间	场租	付款方式	联系人	联系电话	备注

8.1.11　酒店宴会菜单

表 8.11　酒店宴会菜单

　月　　日

用餐单位				联系人		陪同人		时间		月　　日餐
地点		标准		桌数		人数		电话		小计
										结账方式
										备注
饮料		烟类		加菜		其他		损失费		
金额大写：					￥：			制单		

一式五联，一联账台收款 / 二联厨房配菜 / 三联划菜联 / 四联前台服务 / 五联留存联

8.1.12 饮料领料单

表 8.12 饮料领料单

班次：　　　　　　　　日　期： 酒吧：　　　　　　　　付货员：				
饮料名称	瓶　数	容　量	单　价	小　计
总瓶数：　　　　　　　总成本： 　　　　审批人： 　　　　发料人： 　　　　领料人：				

8.1.13 就餐环境检查表

表 8.13 就餐环境检查表

_____餐厅

序号	检查细则	等　级			
		优	良	中	差
1	玻璃门窗及镜面是否清洁、无灰尘、无裂痕？				
2	窗框、工作台、桌椅是否无灰尘和污渍？				
3	地板有无碎屑及污痕？				
4	地面有无污痕或破损处？				
5	盆景花卉有无枯萎、带灰尘现象？				
6	墙面装饰品有无破损、污痕？				
7	天花板是否清洁？有无污痕？				
8	天花板有无破损、漏水痕迹？				
9	通风口是否清洁？通风是否正常？				
10	灯泡、灯管、灯罩有无脱落、破损、污痕？				
11	吊灯照明是否正常？吊灯是否完整？				
12	餐厅内温度和通风是否正常？				

续表

序号	检查细则	等级			
		优	良	中	差
13	餐厅通道有无障碍物？				
14	餐桌椅是否无破损、无灰尘、无污痕？				
15	广告宣传品有无破损、灰尘、污痕？				
16	菜单是否清洁？是否有缺页、破损？				
17	台面是否清洁卫生？				
18	背景音乐是否适合就餐气氛？				
19	背景音乐音量是否过大或过小？				
20	总的环境是否能吸引宾客？				

检查者：　　　　　　　　　　　　　　　　　　　年　　　月　　　日

小　结

1. 餐饮部服务员日常使用的表单。
2. 餐饮部管理人员日常使用的表单。

思考题

1. 模拟填写一份点菜单。
2. 模拟填写一份订餐单。

参考文献

[1] 匡仲潇 . 餐饮服务与管理——制度·流程·表格 [M]. 北京：化学工业出版社，2018.

[2] 李国茹，杨春梅 . 餐饮服务与管理 [M].3 版 . 北京：中国人民大学出版社，2016.

[3] 李勇平 . 酒店餐饮运行管理实务 [M]. 北京：中国旅游出版社，2013.

[4] 公学国，王雅静 . 餐饮经营与管理 [M]. 北京：北京大学出版社，2015.

[5] 吕瑞敏，王文英，孙爱华 . 餐饮服务技能 [M]. 武汉：华中科技大学出版社，2020.

[6] 王德静 . 餐厅服务 [M].4 版 . 北京：中国劳动社会保障出版社，2016.

[7] 滕悦然 . 餐饮服务英语口语实例大全（音频实战版）[M]. 北京：化学工业出版社，2019.

[8] 陈国庆，濮元生 . 饭店英语教程 [M]. 北京：中国轻工业出版社，2017.